U0574978

手部生物特征识别：
从单模态到多模态

王　军　潘在宇　杨　霄　徐家梦　著

科学出版社

北 京

内 容 简 介

手部静脉识别是一种新兴的身份识别技术，与其他生物特征识别相比，其具有高安全性、活体检测性和便利性等特征，也是目前最有效的生物特征识别模式之一。而多模态生物特征识别技术结合不同特征的优势，提高了识别准确度、可靠性和用户体验感，具有广泛的适用性和出色的用户便捷性。本书首先介绍单模态与多模态生物特征识别方法及其研究现状；然后，针对深度卷积神经网络因静脉训练样本不足、存在噪声信息等而无法学习到高判别静脉深度特征的问题，提出了基于多层卷积特征融合的网络、基于多尺度深度特征集成的网络、基于特征解耦网络以及基于合成静脉样本的网络；针对单一模态表征不足的问题，提出了基于非对称对比融合和基于模态信息度评估的融合方法；最后，针对多模态生物特征识别领域下的模态缺失问题，提出基于共享-特定特征解耦网络。

本书可供从事图像处理、模式识别（尤其是生物特征识别方向）研究的专业技术人员以及信息处理、计算机科学等专业的研究生参考。

图书在版编目（CIP）数据

手部生物特征识别：从单模态到多模态／王军等著. --北京：科学出版社, 2025.6. --ISBN 978-7-03-080185-2

Ⅰ.O438；TP391.41

中国国家版本馆 CIP 数据核字第 20249SB728 号

责任编辑：惠 雪 曾佳佳／责任校对：任云峰
责任印制：张 伟／封面设计：许 瑞

科 学 出 版 社 出版

北京东黄城根北街 16 号
邮政编码：100717
http://www.sciencep.com

北京中科印刷有限公司印刷
科学出版社发行 各地新华书店经销

＊

2025 年 6 月第 一 版 开本：720 × 1000 1/16
2025 年 6 月第一次印刷 印张：9 3/4
字数：200 000

定价：99.00 元
（如有印装质量问题，我社负责调换）

前　　言

个人信息安全问题日益突出，包括身份信息、联系方式和网络行为数据等。传统的身份认证方式存在安全隐患，如证件丢失或密码被破解。生物特征识别技术利用指纹、人脸、掌纹、虹膜、静脉等特征进行身份认证，具有高安全性和便利性。静脉识别技术作为主流的单模态生物特征识别技术之一，因其活体识别、稳定性、非接触采集和强安全性等特点受到关注。多模态生物特征识别技术结合不同特征的优势，提高了识别准确度、可靠性和用户体验感，具有广泛的适用性和出色的用户便捷性。

本书提出基于单模态和多模态的生物特征识别方法，主要内容如下。

基于多层卷积特征融合的手部单模态生物特征识别。针对深度卷积神经网络因静脉训练样本不足而无法学习到高判别静脉深度特征的问题，提出了基于预训练深度卷积神经网络的静脉识别方法。该方法分析了基于静脉信息的卷积特征图响应特性，设计了面向高层卷积特征图的保留空间位置信息的局部最大池化方法；构建了多层深度卷积特征融合模型，充分利用了低层卷积特征图中的细节信息和高层卷积特征图中的语义信息，进而提高了所提出网络模型的深层表征能力，提高了静脉图像识别算法的准确率，在 CUMT-HDV、CUMT-PV 和 PUT Palmvein 3 个公开的静脉数据库上取得的识别结果分别为 97.06%、96.44% 和 96.75%。

基于多尺度深度特征集成的手部单模态生物特征识别。针对在基于预训练深度卷积神经网络的静脉识别方法中，卷积特征图中非静脉信息和噪声信息去除不充分的问题，提出了基于层级特征选择的多尺度深度特征集成方法。该方法深入剖析了基于静脉信息的卷积层特征图响应特性，揭示了基于静脉信息的深度卷积神经网络高阶语义信息学习机制；构建了一种层级的深度特征选择模型，有效地去除了深度特征中含有的非静脉信息和噪声信息，进一步提高了深度特征的表示能力，提高了手部静脉识别模型的识别率，在 CUMT-HDV、CUMT-PV 和 PUT Palmvein 3 个公开的静脉数据库上取得的识别结果分别为 97.85%、97.31% 和 96.50%。

基于特征解耦网络的手部单模态生物特征识别。针对基于单一纹理特征或形状特征的静脉识别算法存在特征表示能力不足的问题，提出了基于多尺度注意力残差模块的特征解耦网络。该方法构建了静脉纹理特征编码网络和形状特征编码网络，实现了静脉图像纹理和形状特征的自适应解耦；设计了权值引导的高判别深度特征学习模块，揭示了静脉纹理特征和形状特征对于静脉识别效果的影响机制，增强了静脉深度特征的表示能力，进而提高了手部静脉识别算法的效果，在CUMT-HDV、CUMT-PV 和 PUT Palmvein 3 个公开的静脉数据库上取得的识别结果分别为 99.02%、98.61%和 98.78%。

基于合成静脉样本的手部单模态生物特征识别。针对由于生成静脉样本和真实静脉样本存在领域偏移，训练在生成静脉样本上的深度卷积神经网络对于真实静脉样本特征表示能力不足的问题，提出了基于合成静脉样本的深度特征学习模型。该方法构建了基于特征解耦学习的静脉图像生成模型，提高了静脉生成样本的质量；设计了静脉图像自适应融合网络，减少了生成静脉样本和真实静脉样本之间的领域偏移；提出了全局-局部静脉深度特征学习模块，进一步增强了深度卷积神经网络对于静脉图像的特征表示能力，进而提高了手部静脉识别方法的识别率，在 CUMT-HDV、CUMT-PV 和 PUT Palmvein 3 个公开的静脉数据库上取得的识别结果分别为 99.14%、98.81%和 98.90%。

基于非对称对比融合的手部多模态生物特征识别。传统的融合方法主要关注融合结果，却忽略了融合过程中保留任务相关信息的重要性。而多模态生物特征识别系统的性能很大程度上取决于融合特征的质量。因此，本书提出了一种基于非对称对比融合的双模态生物特征识别方法。针对掌纹和掌静脉，该方法设计了一个由注意力机制引导的融合模块，旨在整合模态之间的互补信息；设计了一种非对称对比学习策略，通过对比学习的方式在单模态特征和融合特征之间实现了互信息的最大化，同时确保身份一致性。本书方法结合了监督和自监督的表征学习方法，更为灵活和充分地利用数据，从而减少任务相关信息的丢失，使模型能够学习到鲁棒性的特征表示，进而提高身份识别的精度，在 CASIA、CUMT-HMD 和 Tongji 3 个公开的数据库上取得的识别结果分别为 98.20%、100.00%和 100.00%。

基于模态信息度评估的手部多模态生物特征识别。在掌纹掌静脉识别技术的实际应用场景中，由于各种环境因素和设备限制，图像过曝光、模糊、噪声以及对比度不足等问题往往难以避免。传统的双模态融合方法很少考虑到模态样本质量不同导致的融合效果差异，使得融合可靠性较弱、泛化性不强，进而限制了多模态生物特征识别系统在实际场景中的应用推广。针对此问题，提出了一种基于模态信息度评估策略的双模态生物特征识别方法。设计了信息度评估模块，旨在通过直接校准分类结果来获得置信度；设计了一种多模态动态融合策略，通过动态评估不同模态和样本的信息度，以自适应方式融合多生物特征信息。该策略能有效降低特征信息中的噪声影响，并增强模型对特征质量动态变化的鲁棒性，从而实现双模态生物特征高效、自适应融合，在 CASIA、CUMT-HMD 和 Tongji 3 个公开的数据库上取得的识别结果分别为 99.00%、100.00%和 99.97%。

基于共享-特定特征解耦的模态缺失下的手部多模态生物特征识别。现有的多模态缺失解决方法在其他领域已经取得令人满意的性能，但生物特征识别领域下的模态缺失问题相对受到较少的关注。由于生物特征之间通常存在限制，且不同模态之间存在较大的差异，传统方法在多模态生物特征识别领域的适用性受到限制。针对模态缺失的问题，提出了一种基于共享-特定特征解耦的模态缺失下的双模态生物特征识别方法。构建了模态共享特征和模态特定特征解耦网络，设计模态间身份一致性损失函数和模态间三元对比损失函数，实现不同模态共享特征和特定特征的自适应解耦；构建跨模态特征重建模块，设计模态内身份一致性损失函数，在特征空间实现任意模态缺失下的多模态生物特征的鲁棒表征。该模型即使在模态缺失的情况下也能进行识别，并取得了较高的识别率，在 CASIA、CUMT-HMD 和 Tongji 3 个公开的静脉数据库上，缺失率为 50%的条件下，取得的识别结果分别为 86.17%、99.38%和 99.25%。

　　本书的出版得到新一代人工智能国家科技重大专项（2020AAA0107300）、中国矿业大学研究生教育教学改革研究与实践项目（YJSJG-2018-0050）、中国矿业大学学科前沿科学研究专项项目（2018XKQYMS26）等的资助和支持，在此表示感谢。

　　限于作者的经验和水平，书中难免存在疏漏和不足之处，恳请读者批评指正！

作　者

2024 年 5 月

扫码查看本书彩图

目　　录

第1章 绪 论

1.1 单模态和多模态生物特征识别方法

随着科技的不断发展,个人信息的安全问题变得尤为突出。个人信息通常包括基本身份信息、联系方式、社会关联信息、健康信息以及网络行为数据等。不法分子一旦获取个人信息,可能会通过各种方式进行盗取、欺诈或恶意利用,导致受害者遭受经济损失。此外,如果不法分子利用个人信息从事违法活动,受害者可能会面临法律责任,而个人信息泄露也可能对受害者的心理健康造成负面影响。因此,身份认证技术在保障个人信息安全方面发挥着至关重要的作用,如何为人民生活打造安全稳固、值得信赖且便捷高效的身份认证保障,已成为当今社会亟待解决的重要课题。

传统的身份认证手段丰富多样,其中常见的包括利用护照、身份证等实体证件进行身份验证,以及采用基于密码的身份验证系统,如登录账号时输入的密码。然而,这些方法都存在一定的安全隐患。实体证件一旦遗失或被盗,个人身份信息就可能被泄露,而密码若设置得过于简单或频繁重复使用,也容易被破解,从而威胁到个人信息安全。这些传统的身份认证技术给人们的生活带来许多安全风险,无法满足当今社会保护个人数据隐私的需求。

生物特征识别技术作为最新的身份认证技术,因其高安全性、高便利性等优点,已经逐步取代传统的身份认证技术。生物特征识别技术主要将人体生理或行为等信息作为有效特征进行身份认证,如指纹、人脸、掌纹、虹膜、静脉等生物特征信息。相较于传统的密码和 ID 磁卡等信息,上述的生物特征信息具有唯一性、稳定性、永久性和安全性等优势。

生物特征识别技术又分为单模态生物特征识别技术和多模态生物特征识别技术。单模态生物特征识别技术中的静脉识别技术越来越受到生物特征识别领域的研究人员关注,主要是因为其具有以下几点特性。

(1)活体识别。静脉图像成像原理是利用静脉血液中去氧血红蛋白与其他组织对近红外光的吸收率不同,进而获取静脉血管的分布信息。因此,只有活体样本才能采集到有效的静脉图像用于身份信息识别。

(2)稳定性高。在个体成年以后,静脉信息基本不会发生变化,并且分布在体内不易遭受到损伤。因此,以静脉信息为特征构建的身份识别系统的稳定性非常高。

（3）非接触采集。在采集静脉图像时，采集对象只需要将手部放在指定位置即可，整个采集过程是在非接触情况下完成的。因此，基于静脉信息的身份识别系统容易被接受，不易出现卫生问题。

（4）安全性高。静脉信息分布在皮肤内部，只有在特定波长的光源下才能采集。相比人脸、指纹、掌纹等生物特征信息，静脉信息很难被复制和伪造。因此，基于静脉信息的身份识别系统安全性高。

多模态生物特征识别技术作为生物特征识别技术的新兴发展方向，对未来相关技术的发展具有重要意义，且其具有独特的优势，具体体现在以下几个方面。

（1）高准确度与高可靠性。单模态生物特征识别方法可能因为环境、生理状态或其他因素的变化而导致识别错误或遭受攻击。而多模态生物特征识别方法能够利用不同特征之间的互补性，降低单一特征被伪造或复制的风险，从而提供更为稳健和可靠的身份验证结果。

（2）广泛的适用性与灵活性。在实际应用中，个体可能因健康状况或外部因素而无法使用某些生物特征。在这种单模态不可用的情况下，多模态生物特征识别系统仍然能确保可靠地进行身份认证和识别，为用户提供全面和安全的身份验证解决方案。

（3）提升用户体验感与便捷性。多模态生物特征识别系统通过优化算法和数据处理能力，实现了多种生物特征信息的融合，从而达成快速、准确的身份认证。用户只需进行一次简单的操作，系统即可自动完成多种生物特征的采集和比对，大大地提升了用户的使用体验感和便捷性。

在单模态生物特征识别技术中，以静脉识别技术为例，强调了其活体识别、稳定性高、非接触采集和安全性高等特点。而多模态生物特征识别技术则因其高准确度与高可靠性、广泛的适用性与灵活性，以及提升用户体验感与便捷性等优势而备受关注。无论是单模态生物特征识别技术还是多模态生物特征识别技术，都具有重要的研究意义和应用前景。本书将从单模态生物特征识别技术和多模态生物特征识别技术两方面展开论述。

1.2　单模态生物特征识别方法研究现状

静脉识别技术作为生物特征识别领域的热点研究方向，已经吸引众多学者从事该领域的研究，目前已经积累了丰富的研究成果。根据静脉信息特征提取算法的不同，本书将主流的静脉识别模型总结为基于形状特征的静脉识别模型、基于纹理特征的静脉识别模型和基于深度特征的静脉识别模型三大类。下面将分别对这三种类型的静脉识别算法进行详细的阐述。

1.2.1　基于形状特征的静脉识别模型

基于形状特征的静脉识别模型主要以静脉图像的脉络信息作为特征信息进行身份识别。现有的获取静脉图像形状信息的方法主要包含静脉图像分割算法和数学方法[1-6]。第一种方法的核心思路是构建静脉图像分割算法，获取原始灰度静脉图像的二值形状特征分割图，然后利用全局形状信息或者局部形状信息作为特征表示，进行静脉图像的身份信息识别。因此，设计高精确的静脉图像分割算法是提高此类静脉识别算法性能的关键之处。一系列基于全局阈值[6]、局部阈值[7-9]和自适应阈值[10, 11]的静脉图像分割算法逐渐增强形状信息的提取效果。在全局形状特征提取算法设计方面，Joardar 等[11]提出了基于自适应阈值的静脉图像分割算法，获取高精确的静脉形状信息作为特征表示，用于身份信息识别。Yang 等[12]分析了静脉信息像素分布特性，设计了静脉形状信息分析模型，提出了静脉方向信息检测方法，获取了静脉形状方向特征信息，改进了静脉特征匹配算法，提高了静脉形状信息的匹配率。为进一步提高静脉形状特征的表示能力，Yang 等[13]在文献[12]的算法基础上，构建了静脉信息多尺度椭圆方向特征图，提高了静脉形状方向信息特征向量的判别能力，设计了权值融合的特征匹配算法，提升了特征向量的匹配准确率。在局部形状特征提取算法设计方面，Wang 等[14]利用设计的基于局部阈值的静脉图像分割算法获取静脉图像的二值形状特征分割图，随后通过细化算法处理，获取静脉端点和交叉点信息，最后利用图匹配算法进行特征匹配。Yang 等[15]提出基于静脉三枝叉点信息的静脉识别模型，即首先设计静脉图像分割算法获取静脉结构图，然后提取三枝叉静脉结构作为特征表示用于最后的静脉识别。虽然基于图像分割算法的静脉形状特征提取算法取得了不错的识别结果，但是由于静脉图像分割算法的效果易受光照信息的影响，同一类别的不同静脉图像很难获取到相同的静脉二值分割图，进而影响身份信息的准确性。为了解决上述问题，部分研究者开始尝试利用数学方法来增强静脉图像的形状信息，然后利用其作为特征表示用于身份识别。Choi 等[16]采用主曲率方法获取静脉图像的形状信息，然后设计分类器进行身份认证。Ahmad Syarif 等[17]提出一种基于最大曲率方法的静脉识别算法，即利用最大曲率方法提取静脉图像的形状信息，然后利用其作为特征进行身份识别。Yang 等[18]设计了一种基于权值的空间曲线滤波器来提取静脉图像的结构信息，然后利用矢量场评估算法获取最后的高判别性静脉特征描述；Zhang 等[19]构建了自适应学习方法来获取 2D-Gabor 滤波器参数，进而可以有效地提取高判别性的多尺度多方向静脉结构信息。

1.2.2　基于纹理特征的静脉识别模型

基于纹理特征的静脉识别模型主要利用静脉信息的纹理信息作为特征表示进行身份识别。常用的静脉纹理特征编码模型主要包括局部二值模式（local binary pattern，LBP）模型[20]及其变形[21-23]和尺度不变特征变换（scale-invariant feature transform，SIFT）模型[24]及其变形[25-27]。局部二值模式模型凭借高效性而被广泛应用于静脉识别领域，但基本局部二值模式模型在提取具有稀疏网络结构分布特性的静脉图像特征时存在局限性，导致基于该模型设计的静脉识别算法性能还有待提高。此外，静脉图像对比度的变化也会影响局部二值模式模型的特征表示能力。因此，为提高局部二值模式模型对于静脉图像的特征表示能力，Xi 等[28]提出一种基于高判别性局部二值编码学习模型的静脉识别算法。该算法可以自适应增强高判别区域信息的特征编码权值，减少非静脉区域信息的特征编码权值，进而改善局部二值编码对于稀疏结构图像的特征表示能力。Kang 等[29]设计了一种基于改进的共前景局部二值模式模型来解决局部二值编码不能有效描述静脉图像纹理信息的问题。Wang 等[30]提出一种改进的局部二值模式模型去获取稳定且具有高判别性的二值编码特征，该模型有效地减弱了静脉图像对比度突变对局部二值模式模型特征描述能力的影响。Aberni 等[31]构建多尺度局部二值模式模型，进一步提升了局部二值模式模型的特征表示能力，并且在手掌静脉识别领域取得了良好的识别结果。尺度不变特征变换模型由于其旋转、变换、尺度不变性等优势，已成为静脉识别领域中最有效的特征提取算法之一。然而，在利用尺度不变特征变换的过程中，为增加关键点产生的数量，必须对原始灰度静脉图像进行对比增强，但是文献[32]表明对比度增强算法会提高后续特征匹配的错误率。因此，为解决上述问题，尺度不变特征变换[33]或者快速稳健特征（speed up robust feature，SURF）[34]被直接利用去提取未经过图像增强算法处理的原始静脉图像的特征，随后进行特征匹配。虽然上述方法解决了对比度增强算法对特征匹配的消极影响，但是直接利用尺度不变特征变换模型提取原始的灰度静脉图像，则很难获取较多的关键点。因此，这就增加了选择合理且有效的匹配阈值的难度。Huang 等[35]设计了一种新颖的关键点产生方法以降低图像对比度增强算法的消极影响，进而提高了局部特征的匹配效果。

1.2.3　基于深度特征的静脉识别模型

深度特征模型根据深度卷积神经网络（deep convolutional neural network，DCNN）训练方式的不同分为端到端的深度特征模型和预训练的深度特征模型。

端到端的深度特征模型主要是直接利用静脉图像训练深度卷积神经网络以获取高判别性的特征表示能力。但是，目前在静脉识别领域并没有公开的、大量的且有标签的静脉图像数据库。因此，很难有充足的静脉图像能够有效地训练深度卷积神经网络模型。为解决上述问题，大多数学者主要集中研究训练策略[36]、特定任务网络结构[37-39]和生成对抗网络（generative adversarial network，GAN）[40, 41]3 个方面。在训练策略设计方面，Wang 等[36]构建了一种层级的跨领域知识迁移策略，通过逐步学习与静脉图像相近领域的共性特征，提高了深度卷积神经网络模型对于静脉图像的表征学习能力，解决了在直接使用静脉小样本数据库训练网络模型时易产生过拟合的问题。在特定任务网络结构设计方面，Wang 等[42]提出一种面向静脉识别任务的结构自生长引导的深度卷积神经网络模型，加快了网络的收敛速度，解决了网络训练过程中因训练样本不足而产生的过拟合问题。Fang 等[43]设计一个基于双通道的深度卷积神经网络的静脉识别模型，即通过成对的静脉图像训练双通道深度卷积神经网络模型，实现了小样本静脉图像训练集的扩充，解决了因训练样本不足而导致的深度卷积神经网络模型表征能力不足的问题。Qin 等[44]提出了基于先验知识引导的深度置信网络模型的手部静脉识别方法，即构建静脉图像分割算法，获取输入静脉图像的先验标签信息；利用局部静脉图像信息建立网络训练数据库，基于局部图像信息数据训练深度置信网络，设计基于阈值的标签信息纠正方法，增强深度置信网络的表征学习能力，进而提升了静脉图像识别模型的效果。Wu 等[45]针对手掌静脉识别任务构建了小波去噪的深度残差网络模型，该方法首先利用小波变换获取手掌静脉图像的低频特征，然后将其与深度卷积神经网络提取的深度特征进行融合，充分利用了手工特征和深度特征之间的互补性，提高了静脉图像特征表示的判别能力。Huang 等[46]提出了一种联合注意力模块，可以有效地增强深度卷积神经网络对静脉图像细节信息的表征学习能力，提高了静脉深度特征的判别能力。在生成对抗网络设计方面，Wang 等[40]利用 CycleGAN 网络模型实现静脉图像样本集的扩充，随后设计基于滤波器剪枝和低秩近似的模型压缩与轻量化方法，在保证静脉深度网络模型的表征能力的同时，尽量降低网络模型的参数。Qin 等[41]提出基于深度卷积神经网络的单张静脉图像识别方法，该方法设计了多尺度多方向的生成对抗网络，对单张静脉图像进行数据增强，然后利用其训练深度卷积神经网络，实现了静脉图像身份信息的识别。预训练的深度特征模型主要是以预训练的深度卷积神经网络模型作为特征提取器，然后利用其提取输入静脉图像的特征，通常以预训练深度卷积神经网络模型的全连接层或者卷积层特征作为特征描述用于后续的分类任务。由于卷积层特征含有大量的非静脉信息与噪声信息，因此设计有效的特征选择算法是将其应用于静脉识别任务的关键点。Wang 等[47]提出基于预训练深度卷积神经网络的静脉识别框架，即利用设计的空间权值机制去评估卷积层特征图中每个局部特征的重要性，进而获取高判别性的卷积特征用于后续的静脉识别。Pan 等[48]提出一种基于语义特征选择器（semantic feature selector，SFS）的多层卷积特征融合的静脉识别模型，即利用设计的保留空间位置信息的最大池化来获取语义特征选择器，然后利用其消除低层卷积特征中的非静脉信息与噪声信息，最后再将其与高层卷积特征融合，以获取用于识别的高判别性深度卷积特征。Pan 等[49]提出了一种基于多尺度深度特征表示的静脉识别模型，即首先提出基于局部阈值的特征选择模型，初步去除卷积层特征图中的非静脉信息；然后设计无监督静脉信息挖掘模型实现卷积层特征图中的静脉信息的定位，进而可以精确地去除卷积层特征图中的非静脉信息和噪声信息，提高深度特征的表示能力。

1.3　多模态生物特征识别方法研究现状

单模态生物特征识别技术由于其固有的风险，如数据易被模仿或伪造等，面临着可靠性下降和易受欺骗、攻击的挑战，其性能也容易达到瓶颈。因此，在应对复杂多变的实际应用场景时，单模态生物特征识别技术往往难以全面满足需求。在选择和应用生物特征识别技术时，需根据具体的应用场景和需求，综合考虑不同生物模态的特性，以实现最佳的性能和效果。多模态融合策略正是针对这一挑战而提出的，多模态生物特征识别技术通过同时使用多种生物特征进行身份验证，克服单一生物特征存在的缺点和安全隐患，为生物特征识别技术的发展提供了新方向。

近年来，生物特征识别技术中不同模态间的融合方法一直是研究的重要课题，国内外也进行了大量的相关研究。1995 年，Brunelli 等[50]率先将声纹和人脸特征融合，提出一个决策级融合的识别系统。该系统集成了 2 个基于声学特征的分类器和 3 个基于视觉特征的分类器，通过考虑分数和排名信息来比较图像，从而有效地拒绝未知人物。Zhang 等[51]提出一种基于人脸和语音的智能手机多模态生物特征融合认证系统，在认证过程中使用了基于匹配级别的自适应融合策略。实验表明，所开发的多模态生物特征融合认证系统具有较高的准确率和极佳的实时性，能够很好地满足智能手机的应用要求。Xu 等[52]设计并实现了一个在红外环境下的手势识别和手部跟踪功能的交互系统，该系统的应用价值在于将手势与掌纹相结合，明显提高了掌纹识别的防伪性能，大大降低了伪造掌纹的可能性，进而提高了系统的安全性。

传统的特征提取方法往往依赖手工设计的特征和领域经验，难以应对多模态数据间的复杂关联和差异性。此外，传统融合方法在处理多模态数据时，往往难以有效地结合不同模态的特征，导致泛化能力不足，难以适应多样化的应用场景。采用深度学习方法进行多模态融合，可突破传统方法在特征泛化上的局限，增强生物特征识别的准确性和稳定性。其主要优势在于深度学习能够自动学习并提取多模态数据的深层特征表示。这种自动学习的特性使得深度学习能够充分捕捉不同模态数据间的内在关联和互补性，从而更准确地表示数据。例如，Mulyanto 等[53]提出了一种利用指纹、人脸和声音三种模态进行识别的方法。该方法利用 VGG 作为特征提取器，将三个模态的特征最终融合成一个特征用于识别。同样，Yashavanth和 Suresh[54]提出一种融合虹膜、人脸和指纹信息的多模态生物特征识别框架，利用 AlexNet 提取特征并在匹配级别上融合，提高了识别准确性。Abbes 等[55]提出了基于人耳、人脸和指静脉的多模态生物特征识别方法，该方法运用深度学习方法，通过卷积和最大池化提取各模态特征，并将这些特征融合于单一特征层，最终利用 Softmax 输出层得出预测结果。这种根据识别结果自动调整特征变换的方法，显著提升了融合识别的准确性。

除了利用人脸、指纹、人耳和声音等生物特征的多生物特征技术，掌纹掌静脉融合识别技术因其突出的优势在生物识别领域中引起了广泛关注。一方面，掌纹和掌静脉这两种生物特征来自同一手掌区域，便于同步采集，甚至可以应用相同的特征提取算法，这种共性在一定程度上能够提高融合识别性能；另一方面，虽然掌纹识别已经取得了一定的研究成果，但单独依赖掌纹可能无法满足高度准确和稳健生物特征系统的需求。相比之下，掌静脉识别技术以其高可靠性在抵御假体攻击方面展现出显著优势。因此，将掌静脉特征融入掌纹识别技术中，不仅可以增强识别系统的防欺骗能力，还能提升整个生物特征识别系统的可靠性和效率。

在过去的几十年里，研究人员对掌纹掌静脉融合识别技术进行了深入的研究。例如，Zhang 等[56]提出在线个人验证系统，该系统融合了掌纹和掌静脉信息。考虑到手掌图像质量可能会有较大的变化，该系统采用了一种自适应图像质量的动态融合方法。实验表明，该系统能够在 1.2s 内验证一个人的身份，且等错误率（equal error rate，EER）仅为 0.0158%。Luo 等[57]提出一种双重竞争编码方法，旨在高效提取掌纹和掌静脉的特征信息。实验结果表明，该方法可以在高匹配速度下实现较高的识别精度。Trabelsi 等[58]利用圆差分和统计方向模式描述符有效地提取了掌纹和掌静脉图像的特征信息，并在特征级别实现了两者的融合。实验结果显示，这种多模态融合方法在识别性能上显著优于单独使用掌纹或掌静脉模态的方法。李俊林等[59]在进行掌纹和掌静脉的图像级别融合时，采用分块模型提取掌纹结构并去除掌静脉信息。通过隶属度函数模糊化处理强化掌纹细节，并利用反锐化掩模技术凸显掌纹特征。同时，采用加权引导滤波技术和边缘检测来增强掌静脉图像特征。最终，融合增强后的掌纹与掌静脉特征实现了高达 99.81%的正确识别率（correct recognition rate，CRR）。Wu 等[60]也提出了基于图像级别融合的识别方法，采用深度哈希网络（deep hashing network，DHN）提取掌纹和掌静脉验证的二进制模板。Li 等[61]提出一种匹配级融合策略，该策略结合了掌纹和掌静脉信息。具体而言，该方法首先分别为掌纹和掌静脉生成匹配分数，随后采用加权合成的方式，得出最终的综合匹配分数，进一步提升了识别准确性。刘雪微等[62]使用 ResNet-18 网络分别提取掌纹图像和掌静脉图像的特征，然后进行特征级别的融合。最后，在支持向量机（support vector machine，SVM）分类器中输入融合后的特征进行决策。Zhao 等[63]提出一种结合纹理的局部二值模式（local binary pattern，LBP）特征、结合方向的局部方向模式（local directional pattern，LDP）特征以及结合全局的深度卷积神经网络特征的融合方法，与单模态生物特征识别方法相比，该方法通过综合不同特征的优势，显著提高了识别的精确度和鲁棒性。

　　综上所述，如图 1-1 所示，多模态生物特征识别按照特征融合的层次可分为四个层次。像素级融合是在原始输入数据级别上进行融合，将来自不同传感器或模态的图像信息整合在一起，优势在于提供了更丰富和多样化的信息，但也可能增加计算和处理的复杂性；特征级融合是在提取的特征表示级别上进行融合，将不同模态下提取的特征进行组合，有助于减少冗余信息和降低计算复杂度，但可能会因信息损失而影响融合效果；分数级融合是在特征匹配阶段进行融合，通过将不同模态的特征进行匹配，以增强模式识别的准确性和鲁棒性，但对于特征匹配的要求较高；决策级融合是在最终的决策阶段进行融合，结合来自不同模态的决策或评分，以得出最终的识别结果，具有简单直接、易于实现的优点，但可能忽略了模态之间的相关性。每种融合方法都有其独特的优势和局限性，因此，选择特征融合方式时，需要充分考虑任务需求、数据特点和模型设计，以平衡各种融合方法的优劣，从而有效地提高多模态生物特征识别模型的性能和鲁棒性。

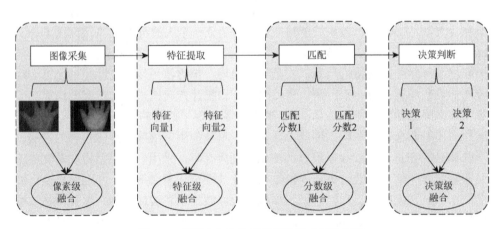

图 1-1　多模态生物特征识别的融合层次结构

深度学习给多模态生物特征识别领域带来了很大的进展,然而,近年来该领域的发展也面临一些挑战。由于单模态发展的不平衡以及缺乏大型的多模态生物特征识别数据库等问题,基于深度神经网络的多模态融合研究受到一定的限制[64]。尽管目前的模型在识别性能上已经取得了不错的识别效果,但在深入挖掘和利用掌纹与掌静脉信息的分布特征方面还存在不足。因此,深入研究基于深度学习的掌纹掌静脉融合识别技术,并优化算法性能显得尤为重要。在此背景下,对掌纹和掌静脉图像进行深度特征学习,并探索有效的融合识别方法,是当前掌纹和掌静脉识别领域亟待解决的关键课题。

1.4　本书研究内容

1.4.1　主要研究工作

本书的主要研究内容是构建单模态和多模态生物特征识别理论与方法。现有的单模态生物特征识别方法很少考虑静脉图像结构信息的特性,导致提取的特征在判别能力上不足。因此本书结合静脉的信息分布特性,提出了一系列针对单模态手部生物特征识别的解决方案,主要包含基于多层卷积特征融合的手部静脉识别方法、基于多尺度深度特征集成的手部静脉识别方法、基于特征解耦网络的手部静脉识别方法、基于合成静脉样本的手部静脉识别方法 4 种。针对单模态生物特征识别中存在的局限性,本书从多模态的角度进行了探索,提出了基于非对称对比融合的手部多模态生物特征识别方法、基于模态信息度评估的手部多模态生物特征识别方法、基于共享-特定特征解耦的模态缺失下的手部多模态生物特征识别方法 3 种掌纹和掌静脉的多模态生物特征识别方法。

1. 基于多层卷积特征融合的手部静脉识别方法

深度卷积神经网络已经在大样本图像识别领域中取得了优异的结果,但是其特征表示能力严重依赖网络训练样本的数量。对于小样本静脉识别任务,深度卷积神经网络并不能取得领先的效果。因此,本书提出了基于预训练深度卷积神经网络的静脉识别框架。在预训练深度卷积神经网络中,高层卷积特征中含有大量的语义信息,低层卷积特征中含有大量的细节信息,但是低层卷积特征中也含有大量的非静脉信息和噪声信息。因此,为了获得具有高判别性的多层卷积特征用于静脉识别,本书提出了一个特定任务的特征选择器。首先,设计了基于保留空间位置信息的局部最大池化的语义特征选择器,然后利用其去除低层卷积特征中的非静脉信息与噪声信息,最后将其与高层卷积特征进行融合,以获取用于识别的高判别性深度卷积特征。在 CUMT-HDV、CUMT-PV 和 PUT

Palmvein 3 个公开的静脉图像数据库上取得的优异实验结果，证明了所设计的基于多层卷积特征融合的手部静脉识别方法的有效性。

2. 基于多尺度深度特征集成的手部静脉识别方法

在利用预训练深度卷积神经网络的卷积层特征图作为特征表示来完成静脉识别任务时，由于卷积层特征图中含有背景信息和噪声信息，直接使用卷积层特征图作为特征表示并不能取得较好的表现。因此，针对卷积特征图中非静脉信息和噪声信息去除不充分的问题，本书提出了基于层级特征选择的多尺度深度特征集成方法。首先，构建了基于局部阈值的特征选择模型，初步去除了卷积层特征图中的非静脉信息；其次，设计了无监督静脉信息挖掘模型，实现了卷积层特征图中静脉信息的定位，进而可以精确地去除卷积层特征图中的非静脉信息和噪声信息。在 CUMT-HDV、CUMT-PV 和 PUT Palmvein 3 个公开的静脉图像数据库上的实验结果表明，相较于目前最新的基于形状、纹理和深度特征的手部静脉识别算法，本书提出的基于多尺度深度特征集成的手部静脉识别方法具有较高的识别率，进而证明了所提出模型的有效性。

3. 基于特征解耦网络的手部静脉识别方法

目前现有的静脉识别算法大多数提取静脉图像的单一形状信息或者纹理信息作为特征表示向量用于静脉识别，并没有充分分析静脉图像的形状信息和纹理信息对静脉识别模型性能的影响。同时，基于单一的形状特征或者纹理特征的静脉识别系统，应用于真实环境时易出现稳定性差、识别率不高的问题。因此，为解决上述问题，本书提出基于多尺度注意力残差模块（multi-scale attentive residual block，MSARB）的特征解耦网络。该方法首先构建了基于多尺度注意力残差模块的静脉纹理特征编码网络和形状特征编码网络，实现了静脉图像纹理和形状特征的自适应解耦；其次，构建了权值引导的高判别深度特征学习模块，分析了静脉纹理特征和形状特征对静脉识别效果的影响特性，实现了静脉形状特征和纹理特征的融合，增强了静脉深度特征的表示能力。在 CUMT-HDV、CUMT-PV 和 PUT Palmvein 3 个公开的静脉图像数据库上的实验结果表明，相较于目前最新的基于形状、纹理和深度特征的手部静脉识别算法，本书提出的基于特征解耦网络的手部静脉识别方法取得了优异的效果。

4. 基于合成静脉样本的手部静脉识别方法

深度卷积神经网络的特征表示能力严重依赖目标样本数据集的数量，但是在静脉识别领域，目前还没有公开的、大规模的静脉样本数据库。现有的基于深度卷积神经网络的静脉识别算法大多数采用生成对抗网络去生成静脉图像，以实现静脉样本训练集的扩充。但是由于生成静脉样本和真实静脉样本存在领域偏移，训练完成的深度卷积神经网络在真实静脉图像的测试集上并不能取得较好的结果。因此，为解决上述问题，本书提出基于合成静脉样本的深度特征学习模型。首先，该方法构建了基于特征解耦学习的静脉图像生成模型，提高了静脉生成样本的质量，实现了小样本静脉图像数据库的扩充；其次，设计了静脉图像自适应融合网络，实现了生成静脉样本和真实静脉样本的局部自适应融合，减少了生成静脉样本和真实静脉样本之间的领域偏移；最后，提出了全局-局部静脉深度特征学习模块，进一步增强了深度卷积神经网络对静脉图像的特征表示能力，提高了手部静脉识别模型的识别率。相较于目前最新的基于形状、纹理和深度特征的手部静脉识别算法，基于合成静脉样本的手部静脉识别方法在 CUMT-HDV、CUMT-PV 和 PUT Palmvein 3 个公开的静脉图像数据库上均取得了领先的结果，进而证明了所提出算法的有效性。

5. 基于非对称对比融合的手部多模态生物特征识别方法

传统的掌纹掌静脉融合方法大多关注融合结果，却忽略了从输入到融合结果的任务相关信息的保留。多模态生物特征识别系统的性能在很大程度上依赖融合的特征信息的质量，因此，本书提出了基于非对称对比融合的手部多模态生物特征识别方法。在掌纹掌静脉融合网络的基础上，本书设计了一种全新的非对称对比学习策略，该策略通过对比学习的方式在单模态特征和融合特征之间实现互信息的最大化，同时确保身份一致性。该模型融合了监督和自监督的表征学习方法，以更为灵活、充分地利用数据，并且减少了任务相关信息的丢失。通过这种方式，模型可以学习到更为鲁棒的多模态特征表达，从而提高身份识别的精度。其创新之处在于强调了对输入级和融合输出级进行非对称的对比学习，有助于提升模型对任务相关信息的理解和捕获，从而为多模态生物特征识别系统的性能提升提供了新的思路和方法。

6. 基于模态信息度评估的手部多模态生物特征识别方法

在实际应用中，采集的掌纹图像和掌静脉图像可能会受到过曝、模糊等因素的影响，并且不同的样本可能会具有不同的特征信息量，不同模态的信息量也可能随着样本的变化而变化。传统的多模态融合方法存在融合可靠性较低、泛化能力不足等问题，这些限制了多模态生物特征识别系统在实际场景中的应用推广。为了解决这些问题，本书提出了一种基于模态信息度评估的手部多模态生物特征识别方法。该方法设计了信息度评估模块，旨在通过直接校准分类结果来获得置信度。本书设计了一种多模态动态融合策略，通过动态评估不同模态和样本的信息度，以自适应的方式融合多生物特征信息。该策略能够有效降低特征信息中的噪声影响，并增强模型对特征质量动态变化的鲁棒性，从而实现多模态生物特征的高效、自适应融合。

7. 基于共享-特定特征解耦的模态缺失下的手部多模态生物特征识别方法

现有的多模态缺失解决方法在其他领域已经取得令人满意的性能，但生物特征识别领域下的模态缺失问题相对受到较少的关注。由于生物特征之间通常存在限制，且不同模态之间存在较大的差异，传统方法在多模态生物特征识别领域的应用能力受限。针对模态缺失问题，本书提出了一种基于共享-特定特征解耦的模态缺失下的多模态生物特征识别方法。该方法通过构建模态共享特征和模态特定特征解耦网络，同时设计了模态间身份一致性损失函数和模态间三元对比损失函数，实现了不同模态共享特征和特定特征的自适应解耦；通过构建跨模态特征重建模块，并设计了模态内身份一致性损失函数，在特征空间实现了任意模态缺失下的多模态生物特征的鲁棒表征。该模型即使在模态缺失的情况下也能进行身份识别，并获得了较高的识别率。

1.4.2　本书章节安排

本书各章节内容安排如下。

第 1 章为绪论，首先详细论述单模态和多模态生物特征识别方法和研究现状，其次介绍了本书的研究内容。

第 2 章详细阐述基于多层卷积特征融合的手部单模态生物特征识别方法，提出了基于预训练卷积神经网络的静脉识别方法，以解决训练样本不足导致的静脉深度特征学习困难的问题。通过设计多层卷积特征融合模型，并引入语义特征选择器去除背景信息，实现了高判别性的静脉识别特征表示。实验证实该方法在多个静脉图像数据库上均表现优异，比传统方法更为有效。

第 3 章详细阐述基于多尺度深度特征集成的手部单模态生物特征识别方法，提出了基于多尺度深度特征集成的手部静脉识别方法。首先，通过构建多尺度卷积特征可视化实验，分析了卷积特征图中的背景信息来源，并提出了局部均值阈值算法和无监督静脉信息挖掘方法来去除这些背景信息。接着，通过层级的特征选择算法获取高判别性的多尺度深度特征表示。在 3 个公开的静脉图像数据库上进行了大量对比实验，结果显示所提出的方法在正确识别率（CRR）和等错误率（EER）等评估指标上均取得了优异的结果，证明了其有效性。

第 4 章详细阐述了基于特征解耦网络的手部单模态生物特征识别方法。该方法通过静脉图像分割获得形状标签信息，设计了多尺度注意力残差的特征解耦网络来处理静脉纹理和形状特征，然后提出了权值引导的特征融合模块，以提高静脉深度特征的表示能力。在 3 个公开的静脉图像数据库上进行了大量实验，结果表明该方法取得了优异的识别率，证明了其有效性。

　　第 5 章详细阐述了基于合成静脉样本的手部单模态生物特征识别方法。首先，构建基于特征解耦学习的静脉生成模型，扩充训练样本库。其次，提出静脉图像自适应融合网络，减少领域偏移，增强网络对真实静脉样本的表示能力。然后，设计全局-局部静脉深度特征学习模块，进一步提升静脉图像特征表示能力，改善识别率。实验结果表明，该方法在 3 个公开的静脉图像数据库上取得了优异结果，证明了其有效性。

　　第 6 章详细阐述基于非对称对比融合的手部多模态生物特征识别方法。该方法通过实例级对比学习和类别级对比学习，优化模态特征融合过程，使得融合特征更具区分度和表征能力。在多个公开和自建数据库上进行对比实验，结果显示该方法在多模态生物特征识别任务中表现出显著优势，提高了识别准确性和鲁棒性，证明了其有效性和可靠性。

　　第 7 章详细阐述基于模态信息度评估的手部多模态生物特征识别方法。该方法通过真实类概率评估不同模态上的信息量，采用动态融合机制削减无关信息的影响，取得了最优的实验效果。对比实验结果显示，该方法在 3 个数据库上表现出显著优势，尤其在 CASIA 数据库中，正确识别率和等错误率都有显著提高。该模型具备良好的通用性和泛化能力，在多模态生物特征识别任务中具有卓越的性能和鲁棒性，能够更有效地整合和利用不同模态的信息，提高识别的准确性和鲁棒性。

　　第 8 章详细阐述基于共享-特定特征解耦的模态缺失下的手部多模态生物特征识别方法。通过构建模态共享-特定特征解耦框架和跨模态特征变换网络，实现了不同模态的自适应解耦和鲁棒表征。该算法对于模态缺失的处理起到了一定作用，展现了模态缺失对模型性能的非线性影响，同时在模态缺失情况下取得了较高的正确识别率，为多模态生物特征识别提供了新的发展方向。

第 2 章 基于多层卷积特征融合的
手部单模态生物特征识别

手部静脉识别技术是当前生物特征识别领域的研究热点。手部静脉识别系统包括静脉信息采集、静脉信息预处理、静脉信息特征提取和静脉信息匹配等几个主要步骤，静脉信息特征提取作为静脉识别系统最重要的步骤之一，其效果直接影响静脉识别系统的识别率。在传统的手部静脉识别系统中，手工特征提取方法通常被用来提取静脉图像的特征信息，但是由于传统手工特征表示能力的局限性，手部静脉识别系统的识别率低。近几年，深度卷积神经网络因为其高判别性的表征能力已经在大规模图像识别任务上取得优异的结果。但是，对于静脉识别这种小样本识别任务，其缺乏足够的训练样本集，很难有效训练深度卷积神经网络，来获取高判别性特征表示能力。

为了解决上述问题，研究人员开始将预训练深度卷积神经网络特征作为静脉图像的特征表示。预训练深度卷积神经网络的特征可以被当作图像特征表示用于一些图像识别[65, 66]，并且取得了较好的结果。例如，Liu 等[67]提出一个基于预训练深度卷积神经网络的交叉卷积层池化模型获得用于图像识别任务的高判别性深度特征表示；Wei 等[68]提出一种基于局部阈值方法的选择性卷积特征编码模型去消除卷积层特征图中的背景信息与噪声信息，选择有用的卷积层特征作为特征描述，进而提高卷积层特征的表示能力。基于上述思路，Wang 等[47]也尝试着构建基于预训练深度卷积神经网络的静脉识别方法，该方法利用预训练深度卷积神经网络的最后一层卷积特征图作为全局特征表示，然后设计局部对比度评估方法获取每个局部静脉信息权重，利用该权重去衡量每个局部特征表示的重要性，通过增强静脉信息特征表示的权重和减少非静脉信息特征表示的权重，来提升全局静脉深度特征表示的判别能力。此外，本章也设计一个简单的实验来进一步验证基于预训练深度卷积神经网络的静脉识别方法的可行性，如表 2-1 所示，直接利用训练在 ImageNet 数据库上的预训练 VGG16（pre-trained VGG16）网络[69]的 Pool5 层卷积特征图作为特征表示用于静脉识别，在 CUMT-HDV、CUMT-PV 和 PUT Palmvein 3 个公开的静脉数据库上取得的识别结果分别为 91.15%、89.93%和 90.47%。由于静脉图像和 ImageNet 数据存在一定的领域偏差，Pool5 层卷积特征图中含有大量噪声信息，进而降低了静脉特征表示的判别能力，但是上述结果可以证明基于预训练深度卷积神经网络的静脉识别方法是可行的，后续可以通过设计特征选择算法，进一步提升该方法的性能。

表 2-1　基于预训练深度卷积神经网络的静脉识别方法可行性分析

卷积特征图	识别率/%		
	CUMT-HDV	CUMT-PV	PUT Palmvein
Pool5	91.15	89.93	90.47

　　相比自然图像，静脉图像信息分布分散、结构稀疏，单层卷积层特征可能并不能含有丰富的静脉特征信息用于静脉识别任务。此外，在深度卷积神经网络中，不同层次的卷积层特征包含的信息不一样。高层卷积特征中包含丰富的语义信息，低层卷积特征中包含更多的细节信息，但低层卷积特征中可能也包含大量的背景信息与噪声信息[70]。如果直接融合高层卷积特征与低层卷积特征作为特征表示用于图像识别任务，并不能取得有效的识别结果[71]。因此，为获取适用于静脉识别任务的高判别性深度特征表示，本章提出了一种基于语义特征选择器的多层卷积特征融合的静脉识别模型。首先，利用训练在 ImageNet 数据库上的预训练 VGG16 网络来提取静脉图像的多层卷积特征；其次，采用设计的保留空间位置信息的局部最大池化获取语义特征选择器（SFS），随后利用其消除低层卷积特征中的背景信息与噪声信息；然后，将高层卷积特征和已经去除背景信息和噪声信息的低层卷积特征进行级联，来获取用于最后静脉识别的多层深度卷积特征；最后，利用主成分分析（principal component analysis，PCA）来降低多层深度卷积特征的维度，减少静脉特征表示向量的冗余信息，随后利用支持向量机（SVM）作为分类器实现静脉图像的身份信息识别。

2.1　基于语义特征选择器的多层卷积特征融合模型

　　为了获取更加丰富且具有高判别性的深度卷积特征用于静脉识别，本章提出了基于语义特征选择器的多层卷积特征融合模型，整体框架如图 2-1 所示。首先，利用预训练的 VGG16 网络作为特征提取器来提取静脉图像的多层卷积特征图，选择 Conv3_2、Conv4_2 和 Conv5_2 层的特征图作为低层卷积特征，选择 Pool5 层的特征图作为高层卷积特征；其次，将全部高层卷积特征图在通道维度上进行求和，得到激励响应图，随后在激励响应图上进行保留空间位置信息的局部最大池化，得到语义特征选择器；然后，语义特征选择器被用来去除低层卷积特征中的背景信息和噪声信息，以获取高判别性的低层卷积特征；最后，将高层卷积特征图和已经去除背景信息和噪声信息的低层卷积特征图进行级联，来获取用于静脉识别的多层深度卷积特征，随后利用主成分分析来降低多层深度卷积特征的维度，减少静脉特征表示向量的冗余信息，利用 SVM 作为分类器实现静脉图像的身份信息识别。下面分别对多层卷积特征提取、语义特征选择器和多层卷积特征融合等重要内容进行详细介绍。

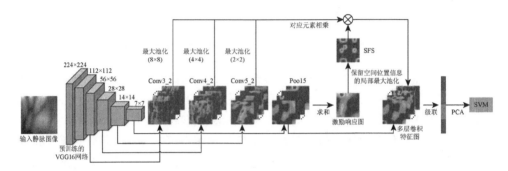

图 2-1　基于语义特征选择器的多层卷积特征融合模型的总体框架

2.1.1　多层卷积特征提取

本章采用预训练 VGG16 网络的多层卷积特征图作为基本的深度卷积特征用于静脉识别，即利用预训练的 VGG16 网络来提取静脉图像的多层深度卷积特征，采用 Conv3_2、Conv4_2 和 Conv5_2 层的特征图作为低层卷积特征，记为 $D_1 \in \mathbf{R}^{H_1 \times W_1 \times C_1}$、$D_2 \in \mathbf{R}^{H_2 \times W_2 \times C_2}$、$D_3 \in \mathbf{R}^{H_3 \times W_3 \times C_3}$。其中，$D$ 代表低层卷积特征图，H 代表特征图的长，W 代表特征图的宽，C 代表特征图的通道数。采用 Pool5 层的特征图作为高层卷积特征，记为 $S \in \mathbf{R}^{H_4 \times W_4 \times C_4}$，$S$ 代表高层卷积特征图。在本章实验过程中，输入图像的尺寸大小为 224×224，则 D_1 的特征图尺寸大小为 56×56×256，D_2 的特征图尺寸大小为 28×28×512，D_3 的特征图尺寸大小为 14×14×512，S 的特征图尺寸大小为 7×7×512。

2.1.2　语义特征选择器

为更好地分析基于静脉信息的卷积特征图激励响应特性，构建面向静脉识别任务的深度卷积特征选择方法，本章设计了一个卷积层特征图可视化实验。具体实验设计过程如下：首先，在自制的手背静脉图像数据库（CUMT-HDV）中，任意选取 4 张不同的静脉图像作为实验样本；其次，利用预训练的 VGG16 网络提取静脉样本的多层卷积特征，并将获取的第三层、第四层、第五层卷积层和最后一层池化层的特征图进行可视化。基于静脉信息的多层卷积特征图的可视化结果如图 2-2 所示。

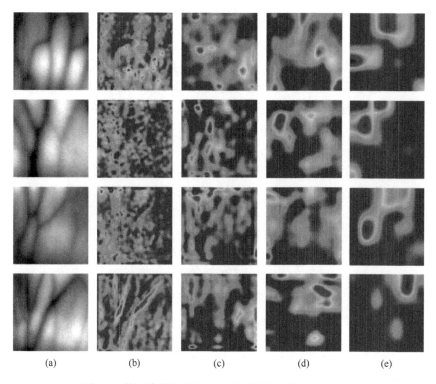

|　(a)　|　(b)　|　(c)　|　(d)　|　(e)　|

图 2-2　基于静脉信息的多层卷积特征图的可视化结果

（a）输入静脉图像；（b）第三层卷积层的特征图；（c）第四层卷积层的特征图；（d）第五层卷积层的特征图；
（e）最后一层池化层的特征图

由图 2-2 可知，在基于静脉信息的高层卷积特征的激励响应图中，静脉交叉点、端点和局部静脉信息块的激励响应值较大；在基于静脉信息的低层卷积特征的激励响应图中，静脉图像的边缘信息和背景信息的激励响应值较大。上述可视化结果也有效证明了在深度卷积特征图中，高层卷积特征图中包含丰富的语义信息，低层卷积特征图中包含大量的细节信息和噪声信息。由于基于静脉信息的低层卷积特征图包含的噪声信息和背景信息是分散分布的，因此直接从低层卷积特征图中去除背景信息和噪声信息是非常困难的。然而，在高层卷积特征的激励响应图中，背景信息和噪声信息比较少，高阶语义信息激励响应呈现连续分布，构建语义特征选择算法去除背景信息相对容易。基于这一思路，本章设计特征选择算法从高层卷积特征图中获取语义特征选择器，然后利用其去除低层卷积特征图中的大量分散的背景信息。

此外，根据图 2-2 还可以发现，在高层卷积特征激励响应图中，高激励响应区域中最强的响应部分对应输入静脉图像中的静脉信息，低响应区域中最强的响应部分也对应输入静脉图像中的静脉信息。因此，基于这个特性，本章提出了一种保留空间位置信息的局部最大池化操作来去除高层卷积特征图中的背景信息。具体来说，在设计算法过程中，并没有利用单个高层卷积特征图的语义信息，因为其并不能很好地反映局部静脉信息的语义信息分布特性。相反，选择将高层卷积层的每个特征图进行相加，进而获取能够有效反映局部静脉图像语义信息分布特性的激励响应图。假设 $S \in \mathbf{R}^{H_4 \times W_4 \times C_4}$ 为静脉图像的高层卷积特征图，则激励响应图可表示为

$$A = \sum_{n=1}^{C} S_n \tag{2-1}$$

式中，A 为尺寸大小为 $H_4 \times W_4$ 的激励响应图；S_n 为第 n 个高层卷积特征图。随后，利用设计的保留空间位置信息的局部最大池化操作去选择激励响应图中的局部关键静脉信息，如端点、交叉点等。在 3×3 的邻域内，提出的保留空间位置信息的局部最大池化操作可由式（2-2）表示：

$$\mathrm{MF}_{3 \times 3}(i, j) = \begin{cases} 1, & A_{3 \times 3}(i, j) = T_{\max} \\ 0, & \text{其他} \end{cases} \tag{2-2}$$

式中，$\mathrm{MF}_{3 \times 3}(i, j)$ 为语义特征选择器的 3×3 的邻域；$A_{3 \times 3}(i, j)$ 为激励响应图的 3×3 的邻域；$T_{\max}$ 为激励响应图的 3×3 的邻域内最大响应值；(i, j) 为 3×3 邻域内元素的位置信息。

为评估利用设计的保留空间位置信息的局部最大池化操作对于去除激励响应图中背景信息和保留激励响应图中局部静脉信息的效果。本章在自制的手背静脉图像数据库中，任意选择 6 张静脉图像，利用上述提出的模型获取激励响应图和语义特征选择器，随后对其进行可视化。来自 6 张静脉图像的激励响应图和语义特征选择器的可视化结果如图 2-3 所示。由图 2-3 可知，来自 6 张静脉图像的激

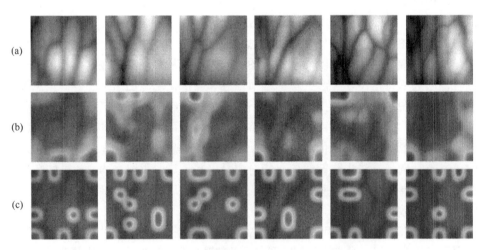

图 2-3　来自 6 张静脉图像的激励响应图和语义特征选择器的可视化结果

（a）输入静脉图像；（b）激励响应图；（c）语义特征选择器

励响应图对应输入静脉图像的局部关键信息和背景信息，可以充分说明预训练深度卷积神经网络可以有效提取静脉图像的特征。来自 6 张静脉图像的语义特征选择器的响应都对应着原始输入静脉图像的局部关键静脉信息，因此，可以证明构建的保留空间位置信息的最大池化操作能有效地去除激励响应图中的背景信息。在 2.2 节的实验设计与结果分析部分，将从具体的量化评估指标去证明所提出的保留空间位置的最大池化操作的有效性。

2.1.3　多层卷积特征融合

采用设计的保留空间位置信息的局部最大池化获取高层卷积特征图的语义特征选择器后，利用其去除低层卷积特征图中的背景信息与噪声信息。由于低层卷积特征图与语义特征选择器的尺寸大小不一致，所以在利用语义特征选择器去除低层卷积特征图中的背景信息之前，先对低层卷积特征图进行相应步长的最大池化操作，以获取与语义特征选择器尺寸大小一致的低层卷积特征图。假设原始的低层卷积特征图 Conv3_2、Conv4_2、Conv5_2 层分别为 $D_1 \in \mathbf{R}^{H_1 \times W_1 \times C_1}$、$D_2 \in \mathbf{R}^{H_2 \times W_2 \times C_2}$、$D_3 \in \mathbf{R}^{H_3 \times W_3 \times C_3}$，则经过最大池化操作后的低层卷积特征图分别记为 $D_1' \in \mathbf{R}^{\frac{H_1}{8} \times \frac{W_1}{8} \times C_1}$、$D_2' \in \mathbf{R}^{\frac{H_2}{4} \times \frac{W_2}{4} \times C_2}$、$D_3' \in \mathbf{R}^{\frac{H_3}{2} \times \frac{W_3}{2} \times C_3}$。随后利用语义特征选择器分别对 D_1'、D_2'、D_3' 进行对应元素逐个相乘，可由式（2-3）~式（2-5）表示：

$$D_1'' = D_1' \odot M \tag{2-3}$$

$$D_2'' = D_2' \odot M \tag{2-4}$$

$$D_3'' = D_3' \odot M \tag{2-5}$$

式中，M 为语义特征选择器；D_1''、D_2''、D_3'' 分别为已经去除背景信息的低层卷积特征图 Conv3_2、Conv4_2 和 Conv5_2；$\odot$ 为对应元素相乘运算。

然后，将高层卷积特征图和已去除背景信息的低层卷积特征图进行级联，以获取用于静脉识别任务的高判别性的深度卷积特征，多层卷积特征融合可由式（2-6）表示：

$$F_{\mathrm{m}} = \left[D_1'', D_2'', D_3'', S \right] \tag{2-6}$$

式中，F_{m} 为融合后的多层深度卷积特征。本章提出的基于语义特征选择器的多层卷积特征融合模型的详细步骤如表 2-2 所示。

表 2-2　基于语义特征选择器的多层卷积特征融合模型的详细步骤

输入：
静脉感兴趣区图像 I（尺寸大小为 224×224）
预训练深度卷积神经网络（pre-trained VGG16）

续表

步骤 1. 利用预训练的 VGG16 网络提取静脉感兴趣区图像的低层卷积特征图 $D_1 \in \mathbf{R}^{H_1 \times W_1 \times C_1}$、$D_2 \in \mathbf{R}^{H_2 \times W_2 \times C_2}$、$D_3 \in \mathbf{R}^{H_3 \times W_3 \times C_3}$ 和高层卷积特征图 $S \in \mathbf{R}^{H_4 \times W_4 \times C_4}$。

步骤 2. 将所有的高层卷积特征图在通道维度上进行相加，以获取激励响应图 A。随后利用设计的保留空间位置信息的局部最大池化操作去除激励响应图中的背景信息，以构建语义特征选择器 M。

步骤 3. 利用语义特征选择器去除低层卷积特征图中的背景信息和噪声信息。

步骤 4. 将高层卷积特征图和已去除背景信息的低层卷积特征图进行级联，以获取用于静脉识别任务的高判别性的深度卷积特征。

2.2　实验设计与结果分析

本章在 CUMT-HDV、CUMT-PV 和 PUT Palmvein 3 个公开的手部静脉图像数据库上，设计了详细的消融实验和对比实验来充分评估所提出的基于多层卷积特征融合的手部静脉识别算法的效果。在消融实验设计中，首先，构建实验评估多层卷积特征融合和语义特征选择器对于提升静脉识别模型的效果；然后，选择在基于预训练深度卷积神经网络的图像识别框架中最新的且常用的特征选择方法作为对比算法，进一步验证所提出的多层卷积特征融合模型的有效性。对比实验设计中，分别选择最新的且经典的基于形状特征、纹理特征和深度特征的手部静脉识别算法作为对比实验，在 3 个公开的手部静脉图像数据库上，以 CRR 和 EER 作为模型的评估指标，全面深入地评估本章所提出的静脉识别模型的有效性。

2.2.1　实验数据库

1. 手部静脉图像数据库

本章构建的手部静脉图像数据库共 5720 张手部静脉图像，主要由手背静脉图像数据库（CUMT hand-dorsa vein database，CUMT-HDV）和手掌静脉图像数据库（CUMT palm vein database，CUMT-PV）构成。

2. PUT Palmvein 数据库

Kabaciński 等采集了 50 个志愿者左手和右手的掌静脉信息，构建了含有 1200 张掌静脉图像的数据库。掌静脉的采集过程分为 3 个阶段，每个阶段采集 4 张掌静脉图像，3 个阶段共采集 12 张掌静脉图像。在本章构建的实验中，前两个阶段采集的 8 张掌静脉图像作为训练集，最后一个阶段采集的 4 张掌静脉图像作为测试集。

2.2.2　实验设置

在本章的实验设计过程中,采用在 ImageNet 图像数据库中预训练好的 VGG16 网络作为特征提取器[69],以获取输入静脉图像的多层卷积特征图。其中,VGG16 网络的 Conv3_2、Conv4_2 和 Conv5_2 层卷积特征图被作为低层卷积特征,Pool5 层的卷积特征图被作为高层卷积特征。静脉图像的输入尺寸大小被设置为 224×224,因此,Conv3_2、Conv4_2 和 Conv5_2 层卷积特征图的尺寸大小分别为 56×56×256、28×28×512、14×14×512,Pool5 层的卷积特征图尺寸大小为 7×7×512。因为低层卷积特征图的尺寸大小与语义特征选择器的尺寸大小不同,无法直接按对应位置进行相乘操作,所以在具体实验过程中,先利用相应步长的最大池化来降低低层卷积特征图的尺寸大小,再利用语义特征选择器去除低层卷积特征图中的背景信息和噪声信息。将高层卷积特征与已去除背景信息和噪声信息的低层卷积特征进行级联,得到融合后的多层卷积特征,其尺寸大小为 7×7×1792。因此,每张输入静脉图像最终用于身份识别的深度特征向量的尺寸大小为 1×87808。由于静脉深度特征表示向量的维度太大,SVM 的训练耗时且困难,所以本章采用 PCA 来降低深度特征表示向量的维度,去除冗余信息,加快 SVM 的训练过程,减少手部静脉识别算法的耗时。最后输入 SVM 进行训练的每张静脉图像的深度特征表示向量的维度为 240。对于手部静脉图像数据库,286×5 张手背或手掌静脉图像被当作训练样本,另外 286×5 张手背或手掌静脉图像被当作测试样本;对于 PUT Palmvein 数据库,前两个阶段采集的 100×8 张掌静脉图像被当作训练集,最后一个阶段采集的 100×4 张掌静脉图像被当作测试集。

2.2.3　消融实验

本节设计消融实验旨在评估多层卷积特征相较于单层卷积特征的效果、语义特征选择器对于多层卷积特征融合的效果、基于语义特征选择器的多层卷积特征融合模型相较于基于预训练深度卷积神经网络的图像识别任务中其他最新且常用的特征选择模型的优势和主成分分析的特征维度选择评估。具体实验内容阐述如下。

1. 多层卷积特征图和语义特征选择器效果评估

本实验分别采用单层卷积特征图和不同多层卷积特征图作为基本的卷积特征,随后直接融合多层卷积特征图或利用语义特征选择器融合多层卷积特征,进而可以实现多层卷积特征图和语义特征选择器(SFS)对于总体模型提升效果的评估。在 3 个公开静脉图像数据库上的评估结果如表 2-3 所示。

表 2-3　多层卷积特征图和语义特征选择器评估结果

卷积特征图	特征选择方法	CRR/%		
		CUMT-HDV	CUMT-PV	PUT Palmvein
Pool5	直接连接	91.15	89.93	90.47
Pool5、Conv5_2	无 SFS 的双层卷积特征融合	95.63	94.76	95.48
	有 SFS 的双层卷积特征融合	96.15	95.11	95.89
Pool5、Conv5_2、Conv4_2	无 SFS 的三层卷积特征融合	96.21	95.16	95.97
	有 SFS 的三层卷积特征融合	96.84	95.90	96.51
Pool5、Conv5_2、Conv4_2、Conv3_2	无 SFS 的多层卷积特征融合	96.80	95.92	96.53
	有 SFS 的多层卷积特征融合	97.06	96.44	96.75

从表 2-3 可看出，以单层卷积特征图作为基本卷积特征构建的静脉识别模型，其识别结果远小于以多层卷积特征图作为基本卷积特征的静脉识别算法的识别率。其中，融合 Conv3_2、Conv4_2、Conv5_2 和 Pool5 层卷积特征图作为基本卷积特征获得了最好的结果。因此，上述结果可以表明多层卷积特征图相较于单层卷积特征图含有更为丰富的特征信息，可以有效地提高静脉识别算法的识别率。同时，相较于直接融合高层卷积特征图和低层卷积特征图用于静脉识别的方法，利用构建的语义特征选择器去除低层卷积特征图中的背景信息后再与高层卷积特征图融合用于静脉识别的方法取得了较好的结果，进而证明设计的语义特征选择器可以有效去除低层卷积特征图中的背景信息和噪声信息，提高多层卷积特征图的特征表示能力。

2. 基于语义特征选择器的多层卷积特征融合模型的效果评估

本实验利用目前基于预训练深度卷积神经网络的图像识别方法中最新的且常用的特征选择算法，如最大池化、平均池化、费希尔向量（Fisher vector，FV）[72]、局部聚集描述子向量（vector of locally aggregated descriptors，VLAD）[73]、交叉卷积层（cross-convolutional-layer，CL）[67]和选择性卷积描述符聚合（selective convolutional descriptor aggregation，SCDA）[68]等，作为实验对比方法来全面深入地评估提出的基于语义特征选择器的多层卷积特征融合模型的有效性。利用不同特征选择方法的识别结果如表 2-4 所示。

表 2-4　利用不同特征选择方法的识别结果

卷积特征图	特征选择方法	CRR/%		
		CUMT-HDV	CUMT-PV	PUT Palmvein
Pool5	最大池化	87.72	84.21	85.92
	平均池化	89.78	87.79	89.26

续表

卷积特征图	特征选择方法	CRR/%		
		CUMT-HDV	CUMT-PV	PUT Palmvein
Pool5	FV	79.34	77.54	78.67
	VLAD	85.82	82.21	84.65
	CL	93.08	91.76	92.63
	SCDA	92.59	91.52	92.12
多层卷积特征图	连接 SFS 的多层卷积特征	97.06	96.44	96.75

由表 2-4 可知，在 3 个公开的静脉图像数据库上，几种常用的特征选择方法在基于预训练深度卷积神经网络的静脉识别任务上，总体识别效果不理想。其中，FV 的实验结果最低，在 CUMT-HDV、CUMT-PV、PUT Palmvein 3 个数据库上分别为 79.34%、77.54% 和 78.67%；CL 的实验结果最高，分别为 93.08%、91.76% 和 92.63%；而本章设计面向静脉识别任务的基于语义特征选择器的多层卷积特征融合模型相较于其他特征选择方法，取得了最好的识别率，分别为 97.06%、96.44% 和 96.75%，进而表明设计的多层卷积特征融合模型可以获得高判别性的深度卷积特征，提高基于预训练深度卷积神经网络的静脉识别方法的识别率。

3. 主成分分析的特征维度选择评估

由于本章所提出模型获取的深度静脉特征表示维度较大，因此利用 PCA 方法对最后的多层卷积特征表示进行降维，以加快 SVM 的训练。不同特征维度的实验结果如表 2-5 所示。从表 2-5 可以看出，随着特征维度的降低，静脉识别结果在不断增加，当特征维度达到 240 时，静脉识别结果可取得最高值，然后随着特征维度的减少，静脉识别结果开始下降。因此，在本章的实验过程中，利用 PCA 方法将多层卷积特征表示的维度降到 240。

表 2-5　利用不同特征维度的识别结果

	数据库	特征维度				
		220	230	240	340	440
CRR/%	CUMT-HDV	96.35	96.67	97.06	96.87	96.62
	CUMT-PV	94.72	95.59	96.44	96.08	95.80
	PUT Palmvein	95.19	95.90	96.75	96.60	96.14

2.2.4　对比实验设计与分析

本节在 3 个公开的静脉图像数据库上，以 3 种具有代表性的基于形状特征、纹理特征和深度特征的手部静脉识别算法作为对比模型，构建了对比评估实验，旨在验证所提出的基于多层卷积特征融合的手部静脉识别算法的性能。在本节的实验中，CRR 和 EER 作为手部静脉识别算法的评估指标。

1. 基于形状特征的手部静脉识别算法的对比评估结果

基于形状特征的手部静脉识别模型主要是利用数学方法和静脉图像分割方法来获取原始静脉图像的形状信息，因此，本节分别采用两个基于数学方法提取静脉图像形状信息[16, 74]和两个基于静脉图像分割方法提取静脉图像形状信息[14, 75]的手部静脉识别模型作为对比算法，来评估本章设计的手部静脉识别方法的效果。

首先，利用 4 种基于形状特征的手部静脉识别算法在 3 个公开的静脉图像数据库上进行身份识别实验，不同手部静脉识别模型的识别结果如表 2-6 所示。由表 2-6 可知，在 3 个公开的静脉图像数据库上，4 种基于形状特征的手部静脉识别模型中，基于最大曲率（maximum curvature，MC）方法的手部静脉识别模型的识别率取得了最高结果，分别为 89.94%、89.16%和 90.52%；基于静脉枝叉点（vein knuckle shapes，VKS）信息的手部静脉识别模型的识别率取得了最低结果，分别为 87.38%、86.63%和 87.89%；相较于 4 种基于形状特征的手部静脉识别模型，本章提出的基于多层卷积特征融合的手部静脉识别模型在 3 个公开的静脉图像数据库上都取得了最高的识别率，分别为 97.06%、96.44%和 96.75%，进而证明了所提出模型的有效性。

表 2-6　在 3 个公开的静脉图像数据库上 5 种不同手部静脉识别模型的识别结果

方法	CRR/%		
	CUMT-HDV	CUMT-PV	PUT Palmvein
静脉枝叉点信息[75]	87.38	86.63	87.89
端点和交叉点信息[14]	89.18	88.31	88.83
最大曲率[74]	89.94	89.16	90.52
主曲率[16]	89.54	88.91	89.03
本章算法	97.06	96.44	96.75

其次，利用 4 种基于形状特征的手部静脉识别算法在 3 个公开的静脉图像数据库上进行身份匹配实验，不同手部静脉识别模型的 EER 结果如表 2-7 所示，受试者操作特征（receiver operating characteristic，ROC）曲线，如图 2-4～图 2-6 所示。由表 2-7 可知，基于 VKS 的手部静脉识别模型在 3 个公开的静脉图像数据库上取得的 EER 结果为 5.83%、7.35%和 3.59%；基于端点和交叉点（end and cross points，ECP）信息的手部静脉识别模型在 3 个公开的静脉图像数据库上取得的

EER 结果为 4.84%、6.68% 和 2.91%；基于 MC 方法的手部静脉识别模型在 3 个公开的静脉图像数据库上取得的 EER 结果为 4.01%、5.77% 和 2.24%；基于主曲率（principal curvature，PC）方法的手部静脉识别模型在 3 个公开的静脉图像数据库上取得的 EER 结果为 4.35%、6.04% 和 2.74%；本章提出的基于多层卷积特征融合的手部静脉识别模型在 3 个公开的静脉图像数据库上取得的 EER 结果为 1.41%、1.93% 和 0.68%，并且本章取得的 EER 结果远小于 4 种基于形状特征的手部静脉识别模型取得的 EER 结果。

表 2-7　在 3 个公开的静脉图像数据库上 5 种不同手部静脉识别模型的 EER 结果

方法	EER/%		
	CUMT-HDV	CUMT-PV	PUT Palmvein
静脉枝叉点信息	5.83	7.35	3.59
端点和交叉点信息	4.84	6.68	2.91
最大曲率	4.01	5.77	2.24
主曲率	4.35	6.04	2.74
本章算法	1.41	1.93	0.68

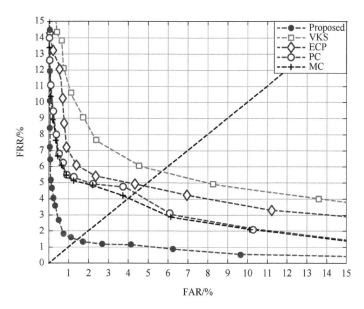

图 2-4　在 CUMT-HDV 数据库上 5 种不同手部静脉识别模型的 ROC 曲线

该曲线纵坐标表示拒识率（false rejection rate，FRR），横坐标表示误识率（false acceptance rate，FAR），Proposed 代表本章算法。下同

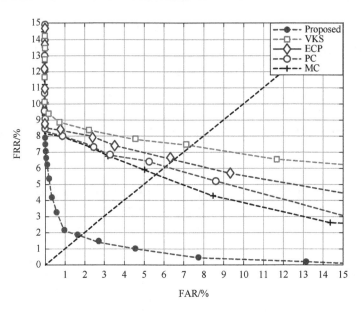

图 2-5　在 CUMT-PV 数据库上 5 种不同手部静脉识别模型的 ROC 曲线

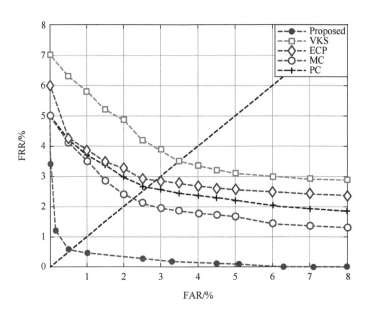

图 2-6　在 PUT Palmvein 数据库上 5 种不同手部静脉识别模型的 ROC 曲线

　　因此，上述实验结果可以有效地证明本章提出的基于多层卷积特征融合的手部静脉识别模型的效果。此外，由图 2-4～图 2-6 可知，相较于 4 种基于形状特征的手部静脉识别模型的 ROC 结果，本章提出的基于多层卷积特征融合的手部静脉识别模型取得了优异的结果，分别在 CUMT-HDV、CUMT-PV、PUT Palmvein 数据库的 EER 值为 1.41%、1.93%、0.68%，远低于其他模型的 EER 值，进而表明了所提出模型的有效性。

2. 基于纹理特征的手部静脉识别算法的对比评估结果

本节采用局部二值模式（LBP）[20]、局部微分编码（local differential pattern，LDP）[21]、局部三值模式（local ternary pattern，LTP）[22]、局部线性二值模式（local line binary pattern，LLBP）[23]4 种第一类静脉纹理特征编码模型，以及尺度不变特征变换（scale- invariant feature transform，SIFT）[24]、快速稳健特征（speed up robust feature，SURF）[25]、特征点增强改进型尺度不变特征变换（root scale-invariant feature transform，RootSIFT）[26]、仿射尺度不变特征变换（affine-scale invariant feature transform，ASIFT）[27]4 种第二类静脉纹理特征编码模型作为对比算法，来评估本章所提出的手部静脉识别方法的效果。

首先，利用 8 种静脉图像纹理编码模型在 3 个公开静脉图像数据库上进行身份识别实验，不同基于静脉纹理特征的手部静脉识别模型的识别结果如表 2-8 所示。由表 2-8 可知，在 3 个公开的静脉图像数据库上，第一类静脉图像纹理编码模型中，基于局部微分编码的手部静脉识别模型的识别率取得了最高结果，分别为 91.45%、90.24%和 90.64%，基于局部三值模式的手部静脉识别模型的识别率取得了最低结果，分别为 89.47%、88.44%和 88.99%；第二类静脉图像纹理编码模型中，基于仿射尺度不变特征变换的手部静脉识别模型的识别率取得了最高结果，分别为 91.67%、90.95%和 91.39%，基于快速稳健特征的手部静脉识别模型取得最低结果，分别为 90.25%、89.39%和 89.36%。相较于 8 种基于纹理特征的手部静脉识别模型，本章提出的基于多层卷积特征融合的手部识别模型在 3 个公开的静脉图像数据上都取得领先的识别率，进而证明了所提出模型的有效性。

表 2-8　在 3 个公开的静脉图像数据库上 9 种不同手部静脉识别模型的识别结果

方法	CRR/%		
	CUMT-HDV	CUMT-PV	PUT Palmvein
局部二值模式	90.78	89.50	90.45
局部微分编码	91.45	90.24	90.64
局部三值模式	89.47	88.44	88.99
局部线性二值模式	90.98	89.84	89.86
尺度不变特征变换	91.21	89.97	90.84
快速稳健特征	90.25	89.39	89.36

方法	CRR/%		
	CUMT-HDV	CUMT-PV	PUT Palmvein
特征点增强改进型尺度不变特征变换	90.90	89.70	91.08
仿射尺度不变特征变换	91.67	90.95	91.39
本章算法	97.06	96.44	96.75

　　其次，利用 8 种静脉图像纹理特征编码模型在 3 个公开的静脉图像数据库上进行身份匹配实验，不同基于静脉纹理特征的手部静脉识别模型的 EER 结果如表 2-9 所示，ROC 曲线如图 2-7~图 2-9 所示。由表 2-9 可知，在 3 个公开的静脉图像数据库上，基于局部二值模式的手部静脉识别模型取得的 EER 结果为3.90、5.48%和 2.36%；基于局部微分编码的手部静脉识别模型取得的 EER 结果为 3.14%、4.21%和 2.04%；基于局部三值模式的手部静脉识别模型取得的 EER结果为 4.59%、6.31%和 2.81%；基于局部线性二值模式的手部静脉识别模型取得的 EER 结果为 3.48%、5.09%和 2.47%；基于尺度不变特征变换的手部静脉识别模型的 EER 结果为 3.21%、4.75%和 1.93%；基于快速稳健特征的手部静脉识别模型取得的 EER 结果为 3.98%、5.56%和 2.48%；基于特征点增强改进型尺度不变特征变换的手部静脉识别模型取得的 EER 结果为 3.73%、5.25%和 1.81%；基于仿射尺度不变特征变换的手部静脉识别模型取得的 EER 结果为 3.00%、3.90%和 1.75%；本章提出的基于多层卷积特征融合的手部静脉识别模型取得的 EER 结果为 1.41%、1.93%和 0.68%，并且本章取得的 EER 结果远小于 8 种基于纹理特征的手部静脉识别模型取得的 EER 结果。

表 2-9　在 3 个公开的静脉图像数据库上 9 种不同手部静脉识别模型的 EER 结果

方法	EER/%		
	CUMT-HDV	CUMT-PV	PUT Palmvein
局部二值模式	3.90	5.48	2.36
局部微分编码	3.14	4.21	2.04
局部三值模式	4.59	6.31	2.81
局部线性二值模式	3.48	5.09	2.47
尺度不变特征变换	3.21	4.75	1.93
快速稳健特征	3.98	5.56	2.48
特征点增强改进型尺度不变特征变换	3.73	5.25	1.81
仿射尺度不变特征变换	3.00	3.90	1.75
本章算法	1.41	1.93	0.68

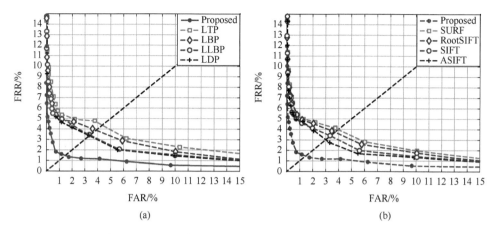

图 2-7　在 CUMT-HDV 数据库上 9 种不同手部静脉识别模型的 ROC 曲线

（a）LBP 及其改进模型；（b）SIFT 及其改进模型

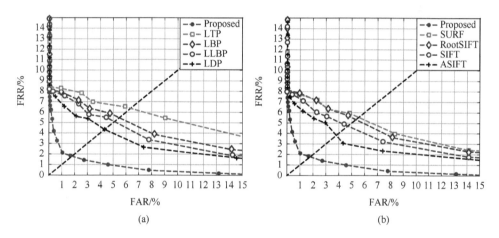

图 2-8　在 CUMT-PV 数据库上 9 种不同手部静脉识别模型的 ROC 曲线

（a）LBP 及其改进模型；（b）SIFT 及其改进模型

　　因此，上述实验结果可以有效地证明了本章所提出的基于多层卷积特征融合的手部静脉识别模型具有领先的识别效果。此外，由图 2-7～图 2-9 可知，相较于 8 种基于纹理特征的手部静脉识别模型的 ROC 曲线，本章提出的基于多层卷积特征融合的手部静脉识别模型取得了优异的结果，进而表明了所设计模型的有效性。

3. 基于深度特征的手部静脉识别算法的对比评估结果

　　本节利用卷积神经网络（convolutional neural network，CNN）[76]和结构生长引导的深度卷积神经网络（structure growing guided DCNN，SGDCNN）[42]两种基

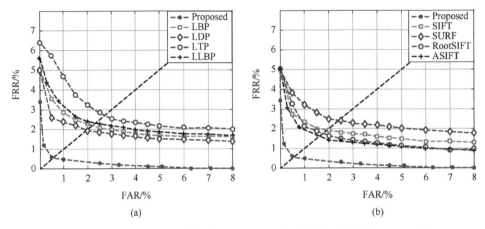

图 2-9　在 PUT Palmvein 数据库上 9 种不同手部静脉识别模型的 ROC 曲线

(a) LBP 及其改进模型；(b) SIFT 及其改进模型

于深度特征的手部静脉识别模型以及跨卷积层池化（cross-convolutional-layer pooling，CL）[67]和选择性卷积特征集成（selective convolutional descriptor aggregation，SCDA）[68]两种基于预训练深度卷积神经网络的图像识别模型作为对比算法，来评估所提出的基于多层卷积特征融合的手部静脉识别算法的效果。

首先，利用 4 种对比算法在 3 个公开的静脉图像数据库上进行身份识别实验，不同模型的识别结果如表 2-10 所示。由表 2-10 可知，在 3 个公开的静脉图像数据库上，基于 CL 的手部静脉识别模型取得了最高的结果，分别为 93.08%、91.76% 和 92.63%；基于卷积神经网络的手部静脉识别模型取得了最低的结果，分别为 88.05%、87.26% 和 87.16%；本章提出的基于多层卷积特征融合模型得到的结果分别为 97.06%、96.44% 和 96.75%，远高于其他 4 种基于深度特征的手部静脉识别模型的结果，进而可以证明所提出模型的有效性。

表 2-10　在 3 个公开的静脉图像数据库上 5 种不同手部静脉识别模型的识别结果

方法	CRR/%		
	CUMT-HDV	CUMT-PV	PUT Palmvein
卷积神经网络	88.05	87.26	87.16
结构生长引导的深度卷积神经网络	89.73	89.02	89.30
选择性卷积特征集成	92.59	91.52	91.60
跨卷积层池化	93.08	91.76	92.63
本章算法	97.06	96.44	96.75

其次，利用 4 种对比算法在 3 个公开的静脉图像数据库上进行身份匹配实验，不同基于深度特征的手部静脉识别模型的 EER 结果如表 2-11 所示，ROC 曲线如

图 2-10～图 2-12 所示。由表 2-11 可知，在 3 个公开的静脉图像数据库上，基于卷积神经网络的手部静脉识别模型取得的 EER 结果分别为 5.22%、7.02% 和 3.97%；基于结构生长引导的深度卷积神经网络的手部静脉识别模型取得的 EER 结果分别为 4.28%、5.98% 和 2.57%；基于选择性卷积特征集成的手部静脉识别模型取得的 EER 结果分别为 2.87%、3.44% 和 1.69%；基于跨卷积层池化的手部静脉识别模型取得的 EER 结果分别为 2.60%、3.28% 和 1.37%；本章所提出的基于多层卷积特征融合的手部静脉识别模型取得的 EER 结果分别为 1.41%、1.93% 和 0.68%，并且远低于其他 4 种基于深度特征的手部静脉识别模型的结果，进而可以证明本章所提出模型的有效性。此外，由图 2-10～图 2-12 可知，相较于 4 种基于深度特征的手部静脉识别模型的 ROC 曲线，本章提出的基于多层卷积特征融合的手部静脉识别模型取得了优异的结果，进而表明了本章所提出模型的有效性。

表 2-11　3 个公开的静脉图像数据库上 5 种不同手部静脉识别模型的 EER 结果

方法	EER/%		
	CUMT-HDV	CUMT-PV	PUT Palmvein
卷积神经网络	5.22	7.02	3.97
结构生长引导的深度卷积神经网络	4.28	5.98	2.57
选择性卷积特征集成	2.87	3.44	1.69
跨卷积层池化	2.60	3.28	1.37
本章算法	1.41	1.93	0.68

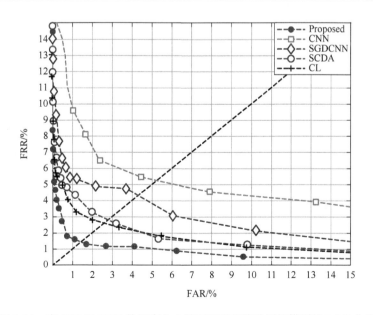

图 2-10　在 CUMT-HDV 数据库上 5 种不同手部静脉识别模型的 ROC 曲线

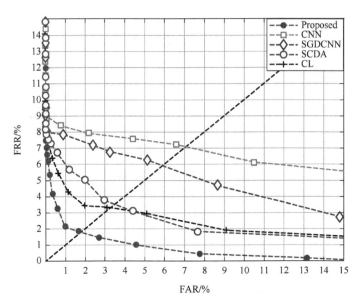

图 2-11　在 CUMT-PV 数据库上 5 种不同手部静脉识别模型的 ROC 曲线

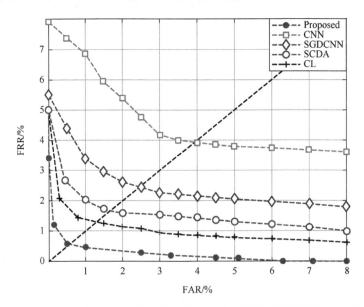

图 2-12　在 PUT Palmvein 数据库上 5 种不同手部静脉识别模型的 ROC 曲线

2.3　本 章 小 结

针对深度卷积神经网络静脉训练样本不足而无法学习到高判别静脉深度特征表示的问题，本章提出基于预训练卷积神经网络的静脉识别方法。相比基于预训练深度卷积神经网络的自然图像识别方法,静脉图像信息分布分散、结构稀疏,单层卷积特征可能并不能含有丰富的静脉特征信息用于静脉识别任务。因此,本章提出了基于语义特征选择器的多层卷积特征融合模型,以获取适用于静脉识别任务的高判别性深度特征表示。在基于静脉信息的多层卷积特征图可视化实验中,相关结果表明,基于静脉信息的高层卷积特征图中含有丰富的语义信息,基于静脉信息的低层卷积特征图中包含更多的细节信息,但是基于静脉信息的低层卷积特征图中也含有大量的背景信息与噪声信息。因此,如果直接融合高层卷积特征图与低层卷积特征图作为特征表示用于静脉识别,则并不能取得有效的识别结果。为去除低层卷积特征中的背景信息,本章设计特定任务的语义特征选择器。即采用设计的保留位置信息的局部最大池化获取语义特征选择器,随后利用其消除低层卷积特征图中的背景信息与噪声信息。最后将高层卷积特征与已去除背景信息的低层卷积特征进行融合,得到高判别性的多层深度卷积特征。

　　本章在 3 个公开的静脉图像数据库上,以 16 种最新或经典的基于形状特征、纹理特征和深度特征的手部静脉识别模型作为对比算法,以静脉识别模型常用的 CRR 和 EER 作为评估指标,构建了大量的对比实验来全面地评估所提出的基于多层卷积特征融合的手部静脉识别模型的性能。实验结果表明,在 3 个公开的静脉图像数据库上,所提出的模型均取得了优异的结果,CRR 的结果分别为 97.06%、96.44%和 96.75%,EER 的结果分别为 1.41%、1.93%和 0.68%,全部优于实验中的对比模型,进而可以充分证明所提出模型的有效性。

第3章 基于多尺度深度特征集成的
手部单模态生物特征识别

第 2 章提出基于多层卷积特征融合的手部静脉识别方法，是基于预训练深度卷积神经构建的手部静脉识别模型，其主要思路是融合高层卷积特征和已去除背景信息的低层卷积特征，以获取高判别性的多层卷积特征。虽然相较于其他手部静脉识别模型，该模型已经取得较好的实验结果，但是仍存在两点不足之处：第一，高层卷积特征中的背景信息没有去除，融合后的多层卷积特征的表示能力还有进一步提高的空间；第二，语义特征选择器只包含过少的静脉响应区域，虽然可以有效地去除低层卷积特征中的背景信息，但是同时也很有可能丢失一部分有用的静脉信息。因此，基于多层卷积特征融合的手部静脉识别方法还有进一步的改进空间。

为解决在基于预训练深度卷积神经网络的手部静脉识别框架中，卷积特征图中非静脉信息和噪声信息去除不充分的问题，本章提出了基于多尺度深度特征集成的手部静脉识别方法。首先，利用训练在 ImageNet 数据库上的预训练 VGG16 网络来提取静脉图像的多层卷积特征图，其中选择 Conv5_1 和 Pool5 层的卷积特征作为基本的多尺度卷积特征图；其次，构建多尺度卷积特征图激励响应可视化实验，剖析基于静脉信息的卷积特征图响应特性；再次，设计基于局部均值阈值（local mean threshold）的特征选择方法，初步去除在多尺度特征图中由高响应区域和低响应区域中的最弱响应部分产生的背景信息，获得选择性特征图；然后，提出基于无监督静脉信息挖掘（unsupervised vein information mining, UVIM）的特征选择方法，进一步去除在多尺度特征图中由少许高响应区域和少许低响应区域中最强响应部分产生的背景信息，获得高判别多尺度深度特征表示；最后，通过连接高判别多尺度深度特征表示获取用于后续识别的深度特征向量，随后利用 PCA 来降低多尺度深度特征表示向量的维度，减少静脉特征表示向量的冗余信息，再利用 SVM 作为分类器实现静脉图像的身份信息识别。

3.1 基于静脉信息的卷积特征图响应特性分析

目前，在利用预训练深度卷积神经网络设计图像识别模型时，全连接层特征通常被当作特征表示用于图像分类。相较于全连接层特征，卷积层特征含有更多的空间信息和语义信息，但是同时也包含更多的背景信息。此外，也有研究[71]表明直接利用卷积层特征作为特征描述用于图像分类并不能取得较好的结果。因此，为有效利用卷积层特征的空间信息与语义信息，Wei 等[68]提出全局均值阈值方法来去除卷积层特征中的背景信息，以获取高判别深度特征表示，该方法已在图像检索领域取得优异的结果。基于上述研究，本章采用预训练深度卷积神经网络的卷积层特征作为基本的静脉深度特征表示。由于多尺度卷积层特征图中含有更丰富的静脉信息，本章采用多层卷积特征图作为基本的卷积层特征。

为更好地分析基于静脉信息的卷积层特征图响应特性，构建适用于静脉图像识别任务的预训练深度卷积神经网络特征选择模型，本节设计了基于静脉信息的多尺度卷积特征图可视化实验，实验结果如图 3-1 所示。由图 3-1 可知，在卷积特征响应图中，激励响应是分散的，对应着输入静脉图像中的静脉区域和背景区域；在特征图响应区域，高响应区域中的最强响应部分对应着输入静脉图像中的静脉区域（图 3-1 中圈 1 所标注），低响应区域中的最强响应部分也可能对应着输入静脉图像中的静脉区域（图 3-1 中圈 2 所标注），高响应区域中的最弱响应部分对应着输入静脉图像中的背景区域（图 3-1 中圈 3 所标注），低响应区域中的最高

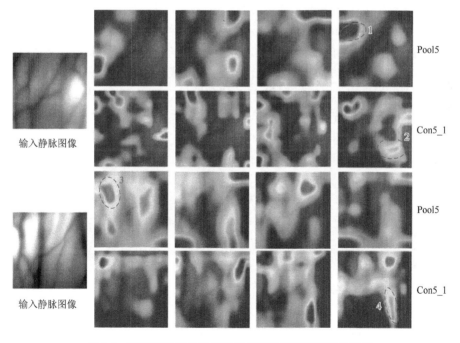

图 3-1　基于静脉信息的多尺度卷积特征图的可视化结果

响应部分也可能对应着输入静脉图像中的背景区域（图 3-1 中圈 4 所标注）。若想要获得用于静脉识别任务的高判别性的深度卷积特征表示，必须去除在特征图中由高响应区域中最弱响应部分、低响应区域中最弱响应部分、少许高响应区域和少许低响应区域中最强响应部分等产生的背景信息。因此，为解决上述问题，本章首先提出一种局部均值阈值算法消除在多尺度特征图中由高响应区域和低响应区域中的最弱响应部分产生的背景信息。其次，提出一种无监督静脉信息挖掘方法消除在多尺度特征图中由少许高响应区域和少许低响应区域中最强响应部分产生的背景信息。

3.2 基于层级特征选择的多尺度深度特征集成模型

针对基于预训练卷积神经网络的静脉识别方法中，卷积特征图中非静脉信息和噪声信息去除不充分的问题，本章提出了基于多尺度深度特征集成的手部静脉识别方法，整体算法框架如图 3-2 所示。首先，利用预训练的 VGG16 网络来提取静脉图像的多尺度卷积特征图，本章选择 Conv5_1 和 Pool5 层卷积特征作为模型基本的多尺度卷积特征；其次，设计基于局部均值阈值的特征选择方法，初步去除多尺度卷积特征中的背景信息，得到选择性特征图；然后，提出基于无监督静脉信息挖掘的特征选择算法，进一步去除选择性卷积特征图中的背景信息和噪声信息，保留高判别性的深度特征信息，得到二值模式的静脉信息掩模（vein information mask，VIM）；最后，利用 VIM 去集成选择性卷积特征图，得到高判别多尺度深度特征表示，随后利用 PCA 进行降维，输入 SVM 进行身份识别。本章提出的模型主要包含局部均值阈值、无监督静脉信息挖掘和多尺度深度特征集成 3 个重要内容，下面分别对各个内容进行详细介绍。

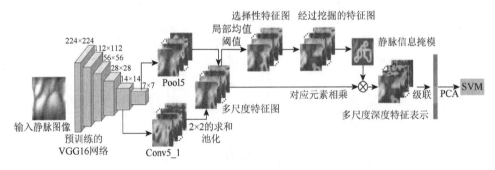

图 3-2　基于多尺度深度特征集成的手部静脉识别方法框架

3.2.1　局部均值阈值

假设卷积层 Conv5_1 和池化层 Pool5 的特征图为 $V \in \mathbf{R}^{2H_5 \times 2W_5 \times C_5}$、$X \in \mathbf{R}^{H_5 \times W_5 \times C_5}$，由于卷积层 Conv5_1 和池化层 Pool5 的特征图尺寸不一致，因此先对卷积层 Conv5_1 进行步长为 2×2 的求和池化操作，以便获得尺寸一致的卷积层特征图。在获取多尺度卷积特征图以后，再对其进行 3×3 的局部均值池化操作，以便获取选择性特征图。在 3×3 的邻域内，具体的运算过程如式（3-1）所示：

$$X'_{3\times3}(x,y) = \begin{cases} \mathrm{MF}_{3\times3}(x,y), & \text{如果} \mathrm{MF}_{3\times3}(x,y) \geqslant T_{\mathrm{mean}} \\ 0, & \text{其他} \end{cases} \tag{3-1}$$

式中，$\mathrm{MF}_{3\times3}(x,y)$ 为多尺度特征图中的一个 3×3 邻域；$X'_{3\times3}(x,y)$ 为选择性特征图中的一个 3×3 邻域；T_{mean} 为多尺度特征图中的一个 3×3 邻域内所有元素的均值。

为更好地评估提出的局部均值阈值算法在去除卷积层特征图中由高响应区域中最弱响应部分和低响应区域中最弱响应部分产生的背景信息方面的效果，本章设计了一个可视化实验。即在 CUMT-HDV 静脉图像数据库中任意选择两张静脉图像，利用本节设计的局部均值算法获取选择性特征图，并将其可视化，选择性特征图的可视化结果如图 3-3 所示。

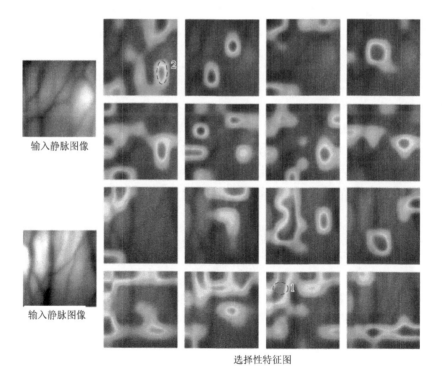

图 3-3　基于静脉信息的选择性特征图的可视化结果

　　由图 3-3 可知，在多尺度卷积层特征图中，由高响应区域中最弱响应部分和低响应区域中的最弱响应部分产生的背景信息已被有效去除，进而可以证明提出的局部均值阈值算法的有效性。但是，在多尺度卷积层特征图中，由少许高响应区域中最强响应部分（图 3-3 中圈 1 所标注）和少许低响应区域中最强响应部分（图 3-3 中圈 2 所标注）产生的背景信息并没有被有效去除。因此，为解决上述问题，本书提出一种无监督静脉信息挖掘算法用于消除选择性特征图中的背景信息，保留选择性特征图中高判别性的静脉信息。

3.2.2　无监督静脉信息挖掘

　　在获取选择性特征图后，本章利用其构建交易数据库（transaction database）用于后续静脉信息挖掘。在无监督静脉信息挖掘算法设计的过程中，每个选择性特征图被当作一个交易（transaction）特征图，记为 T_j。在某个选择性特征图中，每个激励响应的索引被记为 f_i，所有交易特征图形成的集合被定义为 $U = \{T_1, T_2, T_3, \cdots, T_{2C_5}\}$，$j \in [1, 2C_5]$。由于静脉信息分布分散，选择性特征图中每个位置都产生了激励响应，因此，$\{1, 2, 3, \cdots, i, \cdots, H_5 \times W_5\}$ 是所有位置激励响应的索引集合。例如，若第 j 个选择中，有 3 个位置产生激励响应$(1, 8, 37)$，则响应的 $T_j = \{f_1, f_8, f_{37}\}$。选择性特征图中每个位置的激励响应频率可由式（3-2）计算获得

$$\mathrm{supp}(f) = \frac{|\{T \mid T \in U, f \in T\}|}{2C_5} \tag{3-2}$$

式中，$2C_5$ 为 T 的个数；$\mathrm{supp}(f)$ 为特征图中某个位置激励响应的频率；$|\cdot|$ 为集合中元素的个数。将特征图中前 k 个位置激励响应的频率记为频率集合，在每个选择性特征图中，若某个位置的激励响应的频率在频率集合中，则保留这个位置的激励响应。在挖掘每个选择性特征图中的有用静脉信息区域后，通过式（3-3）合并所有经过挖掘的特征图，获取二值模式的静脉信息掩模（VIM），具体表示如下：

$$\mathrm{VIM}(x, y) = \begin{cases} 1, & \exists X_j'', f_i \in X_j'', j \in [1, 2C_5] \\ 0, & \text{其他} \end{cases} \tag{3-3}$$

式中，(x, y) 为 f_i 在特征图中的位置信息；X_j'' 为第 j 个经过挖掘的选择性特征图。

　　无监督静脉信息挖掘算法的整个过程总结如下：首先，基于选择性特征图构建交易数据库 U；其次，计算选择性特征图中每个位置激励响应的频率，保留位置激励响应的频率的前 k 个形成频率集合；然后，基于构建的频率集合，挖掘每个选择性特征图中有用的静脉信息，即若选择性特征图中某个位置的激励响应位于频率

集合中，则保留位置响应值，否则设置为 0；最后，合并所有被挖掘的选择性特征图去获取静脉信息掩模。无监督静脉信息挖掘算法的详细过程如图 3-4 所示。

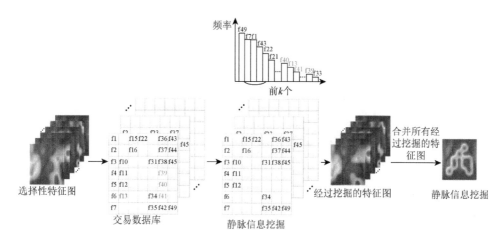

图 3-4　无监督静脉信息挖掘算法的详细过程

为评估提出的无监督静脉信息挖掘对于卷积层特征图中静脉信息的定位效果，本章构建了可视化实验。在实验过程中，采用两种流行的无监督定位算法（SCDA[68]、类别激活映射（class activation mapping，CAM）[77]）作为对比模型来验证所提出模型的性能。3 种无监督定位算法构建的静脉信息掩模的可视化结果如图 3-5 所示。由图 3-5 可知，两种代表性的无监督定位算法获得的静脉信息定位掩模丢失了大量的静脉信息，提出的无监督静脉信息挖掘算法在保留静脉信息的同时有效地去除了背景信息。因此，利用提出的无监督静脉信息挖掘算法获取的静脉信息掩模去集成多尺度特征图，可以得到高判别性深度特征表示。

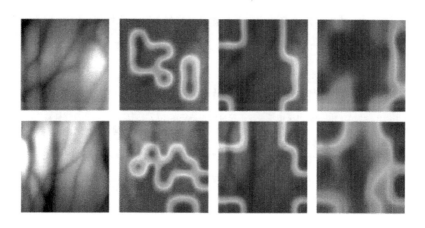

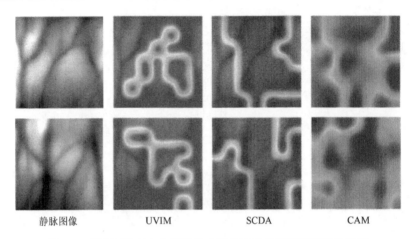

静脉图像   UVIM   SCDA   CAM

图 3-5   不同无监督定位算法构建的静脉信息掩模的可视化结果

3.2.3   多尺度深度特征表示集成

在获得静脉信息掩模（VIM）后，本节利用其去集成多尺度卷积特征，以去除背景信息和噪声信息，保留高判别的深度卷积特征。假设多尺度特征图为 $MF \in \mathbf{R}^{H_5 \times W_5 \times 2C_5}$，则高判别性的多尺度深度特征表示 F_d 可由式（3-4）获得

$$F_d = VIM \odot MF \tag{3-4}$$

式中，$\odot$ 为对应元素相乘运算；VIM 为二值模式的静脉信息掩模。最后将高判别性的多尺度深度特征表示展平获取用于后续识别的深度特征向量。

本章提出的基于多尺度深度特征表示集成的手部静脉识别模型的详细步骤如表 3-1 所示。

表 3-1   基于多尺度深度特征表示集成的手部静脉识别模型的详细步骤

输入：
静脉感兴趣区图像 I（尺寸大小为 224×224）
预训练深度卷积神经网络（pre-trained VGG16）

步骤 1. 利用预训练的 VGG16 网络提取静脉感兴趣区图像的 Conv5_1 层和 Pool5 层的卷积特征图作为基本的多尺度深度卷积特征。

步骤 2. 利用提出的局部均值阈值方法初步去除多尺度卷积特征图中的背景信息，得到选择性特征图。

步骤 3. 基于选择性特征图构建交易数据库，然后计算特征图中每个位置激励响应的频率，保留前 k 个位置激励响应的频率，形成用于静脉信息挖掘的频率集合。

步骤 4. 基于频率集合，挖掘每个选择性特征图中有用的静脉信息，随后合并经过挖掘的特征图，得到二值模式的静脉信息掩模。

步骤 5. 利用静脉信息掩模去集成多尺度卷积特征图，得到高判别性多尺度深度特征表示，随后连接高判别性多尺度深度特征表示，得到用于静脉识别的高判别深度特征向量。

3.3　实验设计与结果分析

为了全面地评估本章提出的基于多尺度深度特征集成的手部静脉识别方法的性能，本节在 3 个公开的静脉数据库上构建了消融实验和对比实验。在消融实验设计中，首先，分别讨论了多尺度卷积特征图的选择和 k 参数的选择对于所提出模型性能的影响，选择最优的参数设置；然后，分析了局部均值阈值和无监督静脉信息挖掘（UVIM）对于所提出模型性能提升的效果。在对比实验设计中，选择了最新的或经典的基于形状特征、纹理特征和深度特征的手部静脉识别模型作为实验对比算法，以 CRR 和 EER 作为评估指标，来评估本章所提出模型的有效性。

3.3.1　实验设置

本章在实验设计过程中，利用在 ImageNet 图像数据库中已训练好的 VGG16 网络作为预训练的深度卷积神经网络[69]，以获取输入静脉图像的多尺度卷积特征图。其中 VGG16 网络的 Conv5_1 和 Pool5 层卷积特征图被作为基本的卷积特征图用于静脉识别。静脉图像的输入尺寸大小被设置为 224×224，因此，Conv5_1 和 Pool5 层卷积特征图的尺寸大小分别为 14×14×512、7×7×512，最终获得的高判别多尺度深度特征表示的尺寸大小为 7×7×1024，每张输入静脉图像最终用于身份识别的深度特征向量的尺寸大小为 1×50176。由于静脉深度特征表示向量的维度太大，SVM 的训练耗时且困难，所以本章采用 PCA 来降低深度特征表示向量的维度，去除冗余信息，加快 SVM 的训练过程，减少手部静脉识别算法的耗时。最后输入 SVM 进行训练的每张静脉图像的深度特征表示向量的维度为 90。对于手部静脉图像数据库，286×5 张手背或手掌静脉图像被当作训练样本，另外 286×5 张手背或手掌静脉图像被当作测试样本；对于 PUT Palmvein 数据库，前两个阶段采集的 100×8 张掌静脉图像被当作训练集，最后一个阶段采集的 100×4 张掌静脉图像被当作测试集。

3.3.2　消融实验

本节构建的消融实验主要包含多尺度特征图选择的效果评估、k 参数选择的效果评估、局部均值阈值与无监督静脉信息挖掘的效果评估以及主成分分析特征维度参数选择效果评估 4 部分内容，下面将分别对各部分内容进行详细介绍。

1. 多尺度特征图选择的效果评估

实验设计过程中，采用 6 种多尺度卷积特征图的组合方式去构建基本的多尺度卷积特征，利用 2×2 的求和池化操作来降低低层卷积特征图的尺寸，以获取与高层卷积特征图尺寸大小一致的低层卷积特征图；同时，选择本章提出的局部均值阈值和无监督静脉信息挖掘来去除多尺度特征图中的背景信息，获取高判别性的多尺度深度特征表示。此外，单层的卷积特征图（Conv5_1 和 Pool5）也被当作基本的卷积特征来构建实验，以验证多尺度卷积特征的优势。由于 VGG16 网络中 Conv3 层的卷积特征图尺度太大，会增加本章提出算法的耗时，因此，本实验并没有选择 Conv3 层的卷积特征图来构建多尺度卷积特征图。不同多尺度卷积特征图的组合方式的实验结果如表 3-2 所示。

表 3-2　不同多尺度卷积特征图的组合方式的实验结果

卷积特征图	CRR/%		
	CUMT-HDV	CUMT-PV	PUT Palmvein
Pool5	95.60	94.75	93.83
Conv5_3	92.90	92.19	91.15
Pool5、Conv5_1	97.85	97.31	96.50
Pool5、Conv5_2	97.53	96.94	95.84
Pool5、Conv5_3	96.52	95.81	94.56
Conv5_3、Conv4_1	96.07	95.65	93.98
Conv5_3、Conv4_2	95.26	94.48	92.35
Conv5_3、Conv4_3	93.88	93.06	91.87

由表 3-2 可知，在基于单层卷积特征图作为基本的卷积特征的评估实验中，基于 Pool5 层的实验结果优于基于 Conv5_3 层的实验结果，则可以表明 Pool5 层的卷积特征含有更为丰富的语义信息，相较于 Conv5_3 层的卷积特征更具有判别性；在基于多尺度卷积特征图作为基本的卷积特征的评估实验中，相较于其他多尺度卷积特征图组合，基于 Pool5 和 Conv5_1 的多尺度卷积特征图组合实现了最高的评估结果。因此，在后续的对比实验设计过程中，选择基于 Pool5 和 Conv5_1 的多尺度卷积特征图组合作为基本的多尺度卷积特征图。此外，基于 Conv5_3 和 Conv4_2、Conv4_3 的两种多尺度卷积特征图组合方式的评估结果低于基于 Pool5 层卷积特征的评估结果，高于基于 Conv5_3 层卷积特征的评估结果。出现上述实验结果的原因可能是 Conv5_3 和 Conv4_2、Conv4_3 层含有的高阶语义信息不足，通过本章提出的层级的特征选择算法可以提高多尺度卷积特征图的判别能力，因

此，上述两种组合的多尺度卷积特征图的实验结果优于基于单层 Conv5_3 层卷积特征的评估结果；但是由于语义特征信息的不足，表示能力并不能优于 Pool5 层卷积特征的表示能力。

2. k 参数选择的效果评估

本部分主要讨论在无监督静脉信息挖掘（UVIM）算法中 k 参数选择的效果评估。在本部分实验设计过程中，选择基于 Pool5 和 Conv5_1 层的多尺度卷积特征图作为基本的卷积特征，先利用设计的局部均值阈值方法初步去除多尺度卷积特征图中背景信息和噪声信息，随后基于不同 k 参数的无监督静脉信息算法进一步去除卷积特征图中的背景信息，获得用于静脉识别的高判别多尺度深度特征表示。基于不同 k 参数的多尺度深度特征集成模型的实验结果如图 3-6 所示。

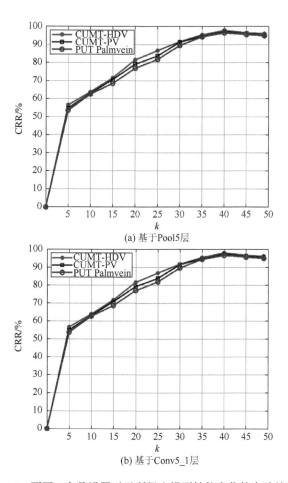

(a) 基于 Pool5 层

(b) 基于 Conv5_1 层

图 3-6　不同 k 参数设置对于所提出模型性能变化的实验结果

由图 3-6 可知，在 3 个公开静脉图像数据库上，随着 k 的增加，本章提出的基于多尺度深度特征集成的手部静脉识别模型的性能先增加后减少，当 k 等于 40 时，所提出模型的性能取得最高的识别率。因此，在后续的对比实验过程中，无监督静脉信息挖掘算法的 k 参数设置为 40。

3. 局部均值阈值与无监督静脉信息挖掘的效果评估

为了全面地评估本章提出的多尺度深度特征集成模型的性能，本部分构建实验去验证局部均值阈值和无监督静脉信息挖掘算法对于整个模型性能提升的效果。具体的实验结果如表 3-3 所示。

表 3-3　局部均值阈值和无监督静脉信息挖掘的评估结果

卷积特征图	局部均值阈值	无监督静脉信息挖掘	CRR/%		
			CUMT-HDV	CUMT-PV	PUT Palmvein
Pool5、Conv5_1	×	√	97.51	97.03	95.87
	√	×	95.90	95.20	94.61
	√	√	97.85	97.31	96.50

由表 3-3 可知，基于无监督静脉信息挖掘的多尺度深度特征表示集成模型的性能优于基于局部均值阈值的多尺度深度特征表示集成模型的性能，当利用两种特征选择算法去构建多尺度深度特征集成模型时，在 3 个公开的静脉图像数据库上，取得了最好的评估结果，进而证明本章构建的局部均值阈值和无监督静脉信息挖掘可以有效去除多尺度卷积特征图中的背景信息和噪声信息。

4. 主成分分析特征维度参数选择效果评估

本节设计评估实验来选择最优的 PCA 特征降维维度，以获取最高的静脉识别结果，相关实验结果如表 3-4 所示。由表 3-4 所示，随着静脉深度特征表示维度的减少，静脉识别模型的识别率先增加再减少，当维度为 90 时，取得最高的识别率。因此，在后续的实验中，利用 PCA 方法将多层卷积特征表示维度降到 90。

表 3-4　不同特征维度静脉深度特征表示的识别结果

数据库		特征维度				
		80	90	200	300	400
CRR/%	CUMT-HDV	97.16	97.85	97.41	97.05	96.79
	CUMT-PV	96.78	97.31	96.98	96.53	96.21
	PUT Palmvein	95.44	96.50	95.74	95.56	95.32

3.3.3　对比实验设计与分析

本章在 3 个公开的静脉图像数据库上，构建了 3 种基于形状特征、纹理特征和深度特征的手部静脉识别对比评估实验，旨在验证所提出的基于多尺度深度特征集成的手部静脉识别算法的性能。在 3 个对比评估实验中，CRR 和 EER 被用来作为模型性能的评价指标。

1. 基于形状特征的手部静脉识别算法的对比评估结果

本节采用最大曲率（MC）方法[74]、主曲率（PC）方法[16]、静脉端点和交叉点信息（ECP）[14]、静脉枝叉点信息（VKS）[75]、静脉三枝叉点信息（tri-branch，TB）[15]和空间曲线滤波器（spatial curve filter，SCF）[18]6 种基于形状特征的手部静脉识别算法作为对比模型，来评估本章所提出模型的效果。

首先，利用 6 种对比算法在 3 个公开静脉图像数据库上进行身份识别实验，不同基于形状特征的手部静脉识别模型的识别结果如表 3-5 所示。由表 3-5 可知，在 3 个公开的静脉图像数据库上，6 种手部静脉识别对比模型中，基于空间曲线滤波器的手部静脉识别模型的识别率取得了最高结果，分别为 93.28%、92.86% 和 92.90%，基于静脉枝叉点信息的手部静脉识别模型的识别率取得了最低结果，分别为 87.38%、86.63% 和 87.89%；本章所提出的模型在 3 个公开的静脉图像数据库上都取得了优异的结果，识别率分别为 97.85%、97.31% 和 96.50%。上述实验结果可以证明相较于目前主流的基于形状特征的手部静脉识别模型，本章提出的基于多尺度深度特征集成的手部静脉识别模型具有更为优异的性能。

表 3-5　不同基于形状特征的手部静脉识别模型的对比实验结果

方法	CRR/%		
	CUMT-HDV	CUMT-PV	PUT Palmvein
静脉枝叉点信息	87.38	86.63	87.89
静脉端点和交叉点信息	89.18	88.31	88.83
最大曲率方法	89.94	89.16	90.52
主曲率方法	89.54	88.91	89.03
静脉三枝叉点信息	91.75	90.93	91.12
空间曲线滤波器	93.28	92.86	92.90
本章算法	97.85	97.31	96.50

其次，利用 6 种基于形状特征的手部静脉识别算法在 3 个公开的静脉图像数

据库上进行身份匹配实验,不同手部静脉识别模型的 EER 结果如表 3-6 所示,ROC 曲线如图 3-7～图 3-9 所示。由表 3-6 可知, 在 3 个公开的静脉图像数据库上, 6 种手部静脉识别对比模型中,取得最好 EER 结果的是基于空间曲线滤波器的手部静脉识别模型,分别为 2.59%、3.06%和 1.32%,取得最差 EER 结果的是基于静脉枝叉点信息的手部静脉识别模型,分别为 5.83%、7.35%和 3.59%;相较于 6 种基于形状特征的手部静脉识别模型,本章提出的模型在 3 个公开的数据库上都取得了领先的 EER 结果,进而可以表明所提出模型具有优异的性能。

表 3-6　不同基于形状特征的手部静脉识别模型的 EER 结果

方法	EER/%		
	CUMT-HDV	CUMT-PV	PUT Palmvein
静脉枝叉点信息	5.83	7.35	3.59
静脉端点和交叉点信息	4.84	6.68	2.91
最大曲率方法	4.01	5.77	2.24
主曲率方法	4.35	6.04	2.74
静脉三枝叉点信息	2.97	3.80	1.78
空间曲线滤波器	2.59	3.06	1.32
本章算法	0.80	1.14	0.79

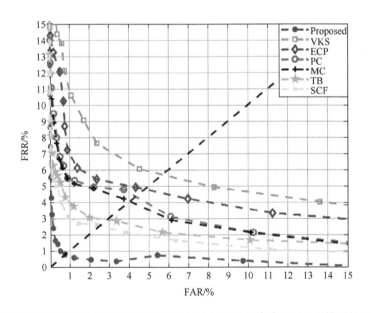

图 3-7　在 CUMT-HDV 数据库上不同基于形状特征的手部静脉识别对比模型的 ROC 曲线

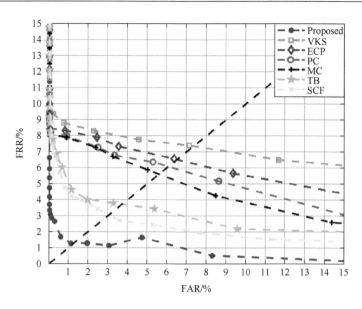

图 3-8 在 CUMT-PV 数据库上不同基于形状特征的手部静脉识别对比模型的 ROC 曲线

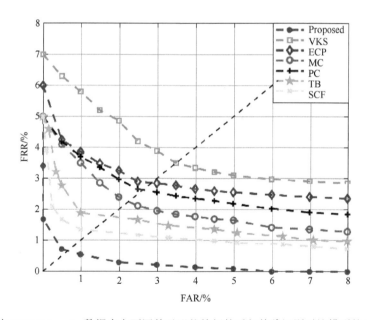

图 3-9 在 PUT Palmvein 数据库上不同基于形状特征的手部静脉识别对比模型的 ROC 曲线

此外，由图 3-7～图 3-9 可知，相较于 6 种基于形状特征的手部静脉识别模型的 ROC 曲线，本章提出的基于多尺度深度特征集成的手部静脉识别模型取得了较好的结果，进而表明了本章所提出模型的有效性。

2. 基于纹理特征的手部静脉识别算法的对比评估结果

本节采用局部二值模式（LBP）[20]、局部微分编码（LDP）[21]、局部三值模式（LTP）[22]、局部线性二值模式（LLBP）[23]和高判别局部二值模式（discriminative local binary pattern，DLBP[30]）5 种第一类静脉纹理特征编码模型，以及尺度不变特征变换（SIFT）[24]、快速稳健特征（SURF）[25]、特征点增强改进型尺度不变特征变换（RootSIFT）[26]、仿射尺度不变特征变换（ASIFT）和局部特征匹配（local feature matching，LFM）[35]5 种第二类静脉纹理特征编码模型作为对比算法，来评估本章提出的手部静脉识别方法的效果。

首先，利用 10 种静脉识别对比算法在 3 个公开的静脉图像数据库上进行身份识别实验，不同基于纹理特征的手部静脉识别模型的识别结果如表 3-7 所示。由表 3-7 可知，在 3 个公开的静脉图像数据库上，本章提出的基于多尺度深度特征集成的手部静脉识别模型的 CRR 为 97.85%、97.31%和 96.50%，均高于其他 10 种主流的基于纹理特征的手部静脉识别模型，进而证明所提出模型在静脉识别领域具有领先的性能。

表 3-7　不同基于纹理特征的手部静脉识别模型的对比实验结果

方法	CRR/%		
	CUMT-HDV	CUMT-PV	PUT Palmvein
局部二值模式	90.78	89.50	90.45
局部微分编码	91.45	90.24	90.64
局部三值模式	89.47	88.44	88.99
局部线性二值模式	90.98	89.84	88.86
高判别局部二值模式	95.67	95.11	94.96
尺度不变特征变换	91.21	89.97	90.84
快速稳健特征	90.25	89.39	89.36
特征点增强改进型尺度不变特征变换	90.90	89.70	91.08
仿射尺度不变特征变换	91.67	90.95	91.39
局部特征匹配	94.81	94.24	94.55
本章算法	97.85	97.31	96.50

其次，利用 10 种基于纹理特征的手部静脉识别算法在 3 个公开的静脉图像数据库上进行身份匹配实验，不同手部静脉识别模型的 EER 结果如表 3-8 所示，ROC 曲线如图 3-10～图 3-12 所示。由表 3-8 可知，在 3 个公开的静脉图像数据库上，相比 10 种基于纹理特征的手部静脉识别模型，本章提出的基于多尺度深度特征

集成的手部静脉识别模型取得了最低 EER 值，分别为 0.80%、1.14% 和 0.79%。因此，基于上述实验结果，可以有效证明本章所提出模型在静脉识别领域取得了优异的性能。此外，由图 3-10～图 3-12 可知，相较于 10 种基于纹理特征的手部静脉识别模型的 ROC 曲线，本章提出的基于多尺度深度特征集成的手部静脉识别模型取得了较好的结果，进而表明了本章所提出模型的有效性。

表 3-8　不同基于纹理特征的手部静脉识别模型的 EER 结果

方法	EER/%		
	CUMT-HDV	CUMT-PV	PUT Palmvein
局部二值模式	3.90	5.48	2.36
局部微分编码	3.14	4.21	2.04
局部三值模式	4.59	6.31	2.81
局部线性二值模式	3.48	5.09	2.47
高判别局部二值模式	1.85	2.47	1.13
尺度不变特征变换	3.21	4.75	1.93
快速稳健特征	3.98	5.56	2.48
特征点增强改进型尺度不变特征变换	3.73	5.25	1.81
仿射尺度不变特征变换	3.00	3.90	1.75
局部特征匹配	2.11	2.86	1.20
本章算法	0.80	1.14	0.79

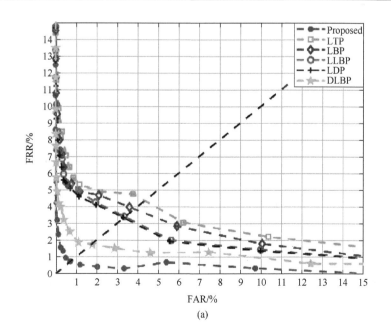

(a)

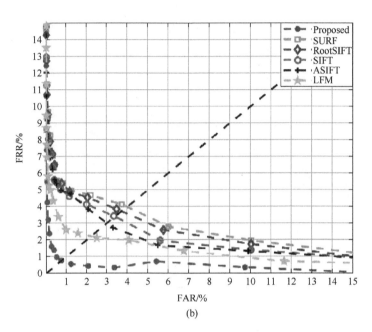

图 3-10　在 CUMT-HDV 数据库上不同基于纹理特征的手部静脉识别对比模型的 ROC 曲线

（a）LBP 及其改进模型；（b）SIFT 及其改进模型

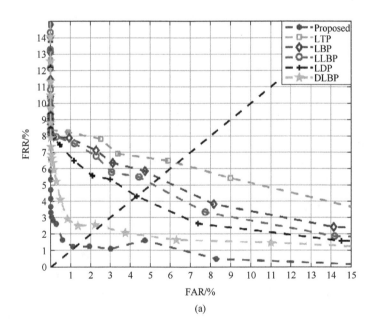

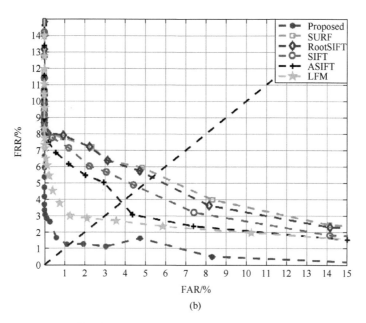

(b)

图 3-11　在 CUMT-PV 数据库上不同基于纹理特征的手部静脉识别对比模型的 ROC 曲线

（a）LBP 及其改进模型；（b）SIFT 及其改进模型

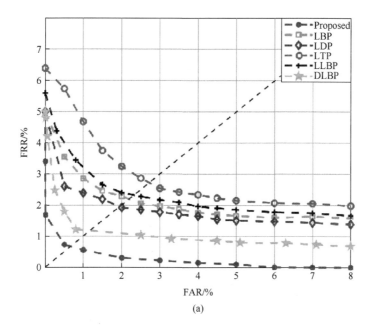

(a)

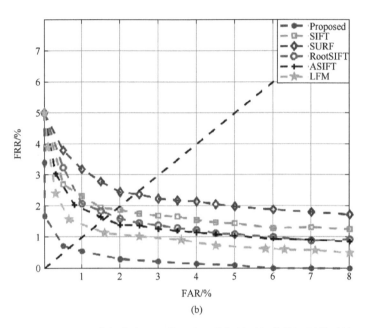

图 3-12　在 PUT Palmvein 数据库上不同基于纹理特征的手部静脉识别模型的 ROC 曲线

（a）LBP 及其改进模型；（b）SIFT 及其改进模型

3. 基于深度特征的手部静脉识别算法的对比评估结果

本节利用卷积神经网络（CNN）[76]和结构生长引导的深度卷积神经网络
（SGDCNN）[42]、双通道卷积神经网络（two-channel CNN，TCCNN）[43]和高判别
静脉识别模型（discriminative vein recognition，DVR）[40]4 种基于深度特征的手部
静脉识别模型，以及 CL[67]和 SCDA[68]2 种基于预训练深度卷积神经网络的图像识
别模型作为对比算法，来评估所提出的基于多尺度深度特征集成的手部静脉识别
算法的效果。

首先，利用 6 种对比算法在 3 个公开静脉图像数据库上进行身份识别实验，
不同基于深度特征的手部静脉识别模型的识别结果如表 3-9 所示。由表 3-9 可知，
在 3 个公开的静脉图像数据库上，6 种对比算法中，基于卷积神经网络的手部静
脉识别模型获得了最低的识别率，分别为 88.05%、87.26%和 87.16%；高判别静
脉识别模型获取了最高的识别率，分别为 97.52%、97.05%和 96.43%。本章提出
的基于多尺度深度特征集成的手部静脉识别模型取得的识别率分别为 97.85%、
97.31%和 96.50%，均优于其他 6 种基于深度特征的手部静脉识别模型的识别率，
进而可以证明本章提出的模型具有较高的优势。

表 3-9　不同基于深度特征的手部静脉识别模型的识别结果

方法	CRR/%		
	CUMT-HDV	CUMT-PV	PUT Palmvein
卷积神经网络	88.05	87.26	87.16
结构生长引导的深度卷积神经网络	89.73	89.02	89.30
选择性卷积特征集成	92.59	91.52	91.60
跨卷积层池化	93.08	91.76	92.63
双通道卷积神经网络	96.16	95.32	95.45
高判别静脉识别模型	97.52	97.05	96.43
本章算法	97.85	97.31	96.50

　　其次，利用 6 种基于深度特征的手部静脉识别算法在 3 个公开的静脉图像数据库上进行身份匹配实验，不同手部静脉识别模型的 EER 结果如表 3-10 所示，ROC 曲线如图 3-13～图 3-15 所示。由表 3-10 可知，在 3 个公开的静脉图像数据库上，6 种静脉识别对比模型中，基于卷积神经网络的手部静脉识别模型取得的 EER 值最大，分别为 5.22%、7.02%和 3.97%；高判别静脉识别模型取得的 EER 值最小，分别为 0.92%、1.29%和 0.84%。本章提出的基于多尺度深度特征集成的手部静脉识别模型取得的 EER 值分别为 0.80%、1.14%和 0.79%，均远低于其他 6 种基于深度特征的手部静脉识别模型的 EER 值。因此，上述实验结果可以表明本章所提出模型的性能优于其他 6 种主流的基于深度特征的手部静脉识别模型。此外，由图 3-13～图 3-15 可知，相较于 6 种基于深度特征的手部静脉识别模型的 ROC 曲线，本章提出的基于多尺度深度特征集成的手部静脉识别模型取得了较好的结果，进而表明了本章所提出模型的有效性。

表 3-10　不同基于深度特征的手部静脉识别模型的 EER 结果

方法	EER/%		
	CUMT-HDV	CUMT-PV	PUT Palmvein
卷积神经网络	5.22	7.02	3.97
结构生长引导的深度卷积神经网络	4.28	5.98	2.57
选择性卷积特征集成	2.87	3.44	1.69
跨卷积层池化	2.60	3.28	1.37
双通道卷积神经网络	1.54	2.30	1.04
高判别静脉识别模型	0.92	1.29	0.84
本章算法	0.80	1.14	0.79

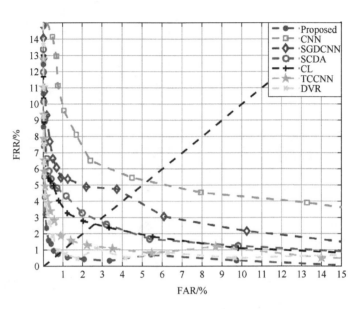

图 3-13　在 CUMT-HDV 数据库上不同基于深度特征的手部静脉识别模型的 ROC 曲线

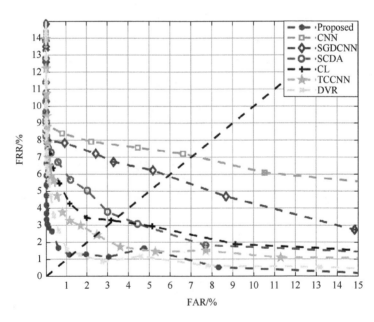

图 3-14　在 CUMT-PV 数据库上不同基于深度特征的手部静脉识别模型的 ROC 曲线

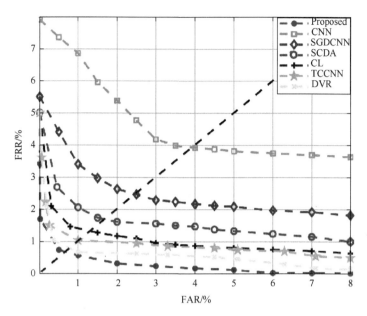

图 3-15 在 PUT Palmvein 数据库上不同基于深度特征的手部静脉识别模型的 ROC 曲线

3.4 本 章 小 结

针对基于预训练卷积神经网络的静脉识别框架中，卷积特征图中非静脉信息和噪声信息去除不充分的问题，本章提出了基于多尺度深度特征集成的手部静脉识别方法。首先，本章构建多尺度卷积特征可视化实验，分析基于静脉信息的卷积特征激励响应特性，发现在基于静脉信息的卷积特征图中主要由高响应区域中最弱响应部分、低响应区域中的最弱响应部分、少许高响应区域中最强响应部分和少许低响应区域中最强响应部分等产生背景信息；其次，本章提出一种局部均值阈值算法去除在多尺度特征图中由高响应区域中最弱响应部分和低响应区域中的最弱响应部分产生的背景信息；然后，本章提出一种无监督静脉信息挖掘方法去除在多尺度特征图中由少许高响应区域中最强响应部分和少许低响应区域中最强响应部分产生的背景信息；最后，通过本章提出的层级的特征选择算法，获取用于静脉识别任务的高判别多尺度深度特征表示。

本章在 3 个公开的静脉图像数据库上，以 22 种最新或经典的基于形状特征、纹理特征和深度特征的手部静脉识别模型作为对比算法，以静脉识别模型常用的 CRR 和 EER 作为评估指标，构建了大量的对比实验来全面地评估所提出的基于多尺度深度特征集成的手部静脉识别模型的性能。实验结果表明，在 3 个公开的静脉图像数据库上，所提出的模型均取得了优异的结果，进而可以充分证明所提出模型的有效性。

第4章 基于特征解耦网络的手部单模态生物特征识别

静脉图像类内差异小，类间差异也小，若想要获取高识别率的静脉识别系统，则必须设计高判别性的特征表示模型。第 3 章提出了基于预训练神经网络的手部静脉识别框架，即利用预训练深度卷积神经网络的卷积层特征作为基础特征表示，然后设计特征选择算法进一步去除卷积层特征图中的非静脉信息和噪声信息，提升静脉深度特征表示的判别能力。但是第 2 章构建的语义特征选择器只包含过少的静脉响应区域，虽然可以有效去除低层卷积特征中的背景信息，但是同时也很有可能丢失一部分有用的静脉信息。因此，本章在第 3 章的模型框架的基础上，分析了基于静脉信息的卷积层响应特性，构建了一种层级的特征选择模型，充分去除了多尺度卷积特征图中的非静脉信息和噪声信息，进一步提升了预训练深度特征表示对于静脉图像的表征能力。上述两种方法都是从预训练深度卷积神经网络方面开展静脉深度特征提取方法研究，并且结合静脉图像的分布特点，构建了适合静脉识别任务的特征选择算法。此类模型具有简单、高效、实用性强等优点，但是由于模型的基础框架为训练在大规模图像数据库上的预训练深度卷积神经网络，导致构建的静脉识别模型识别率不高。因此，本章从端到端深度卷积神经网络方面开展研究，结合静脉图像分布特点，设计适合静脉识别任务的高判别性静脉深度特征学习模型。

目前现有的静脉识别算法大多数单一地提取静脉图像的形状信息或者纹理信息，并没有充分分析静脉图像的形状信息和纹理信息对于静脉识别模型性能的影响。同时，基于单一的形状特征或者纹理特征的静脉识别系统，应用于真实环境时易出现稳定性差、识别率不高的问题。图 4-1 展示了同种类别的静脉图像和不同类别的静脉图像，人类的视觉系统在判别两张静脉图像是否属于同一类别

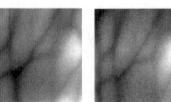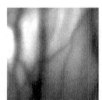

(a) 相同类别   (b) 不同类别

图 4-1 静脉图像样本

时，主要依据静脉信息形状特征，并且同类别静脉图像纹理信息的差异相较于形状信息更为明显。此外，文献[78]中也阐述了静脉图像的纹理特征中含有少量的光照信息，在一定程度上增加了静脉信息的类内差异。因此，是否可以构建静脉图像解耦模型将静脉图像分解为纹理特征和形状特征，然后通过增加静脉形状特征的权重和减少静脉纹理特征的权重，来提升融合后的静脉特征表示的判别能力。

近几年，解耦表征学习已经在图像生成、图像修复、图像识别等计算机视觉领域得到了广泛的应用，并且取得了优异的效果。例如，在图像生成领域，Yang 等[79]构建了一个解耦变分自编码模型，将手部图像分解为纹理、形状和角度等生成因子，通过控制不同生成因子的潜在特征表示，合成大量更加真实的手部图像；在图像修复领域，Lu 等[80]提出了一个基于解耦表征的无监督单张图像去模糊模型，构建内容编码器旨在学习模糊图像中的内容特征，构建模糊编码器旨在学习模糊图像中的模糊特征，为了确保模糊图像中内容特征和模糊特征的有效解耦，该模型设计了 Kullback-Leibler（KL）散度损失函数确保模糊编码器尽可能只提取输入模糊图像的模糊特征，设计了循环一致性损失函数确保去模糊后的图像与输入模糊图像的内容保持一致；在图像识别领域，Hadad 等[81]构建了一个双步骤的解耦方法，实现数据身份信息相关特征和不相关特征的解耦。Yin 等[82]提出了一种面向低质量监控视频人脸识别的特征自适应网络，即通过高质量编码器网络对高低质量的人脸图像进行身份信息相关特征和不相关特征的解耦，然后利用低质量编码器对低质量人脸图像进行特征编码，随后将低质量编码器输出特征与高质量编码器解耦的身份不相关特征进行级联，输入解码器进行人脸图像重建，使得低质量编码器可以学习到低质量人脸图像的身份相关特征，训练完成的低质量编码器则可以作为低质量人脸图像的特征提取器，实现低质量人脸图像的身份识别。

基于上述研究思路，为探究静脉图像纹理特征和形状特征对于身份信息识别效果的影响机制，本章提出了基于特征解耦网络的手部静脉识别模型。首先，设计了静脉图像分割算法，获取高质量的静脉形状特征二值分割图；其次，构建了基于多尺度注意力残差模块的静脉纹理特征编码网络和形状特征编码网络，实现了静脉图像纹理特征和形状特征的自适应解耦；最后，设计了权值引导的高判别深度特征学习模块，揭示了静脉纹理特征和形状特征对于静脉识别效果的影响机制，增强了静脉深度特征的表示能力，进而提高了手部静脉图像识别算法的效果。

4.1 基于多尺度注意力残差模块的特征解耦网络模型

针对单一的静脉纹理特征提取算法和静脉形状特征提取算法，存在特征表示能力不足的问题，本章提出了基于多尺度注意力残差模块的特征解耦网络模型，整体框架如图 4-2 所示。首先，构建静脉图像分割算法，获取静脉图像形状信息标签；其次，设计静脉图像纹理特征和形状特征解耦网络，实现纹理特征和形状特征的自适应解耦；最后，构建权值引导的高判别性静脉深度特征学习模块，揭示静脉纹理特征和形状特征对于静脉识别效果的影响机制，选取静脉纹理和形状特征最优的权值比重，获取用于静脉识别的高判别深度特征。本章提出的模型主要包含静脉形状标签信息生成、静脉纹理特征和形状特征解耦网络、静脉深度特征学习模块 3 个重要内容，下面将分别对各个内容进行详细介绍。

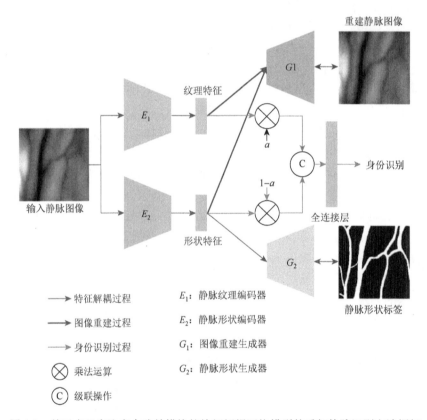

图 4-2　基于多尺度注意力残差模块的特征解耦网络模型的手部静脉识别方法框架

4.1.1　静脉形状标签信息生成

静脉纹理和形状特征解耦网络的训练过程中，需要利用输入静脉图像的形状标签信息作为监督信号，使得静脉形状编码器可以有效学习到输入静脉图像的形状特征。因此，为了获得高精确的静脉形状标签信息，本章提出了一个简单且高效的静脉图像分割算法，实现了静脉图像的自适应分割，获取了高精度的二值静脉分割图，然后利用其作为静脉形状标签信息来训练特征解耦网络。静脉图像分割算法的详细过程如下。

第一，使用 Wiener 滤波器[83]初步去除输入静脉图像的噪声信息，如式（4-1）所示：

$$G(x,y) = \mu + \frac{\delta^2 - \nu^2}{\delta^2}(I(x,y) - \mu) \tag{4-1}$$

式中，μ 和 δ^2 分别为 5×5 滑动窗口的均值和方差；ν^2 为局部噪声信息方差，其值为所有局部方差的平均值；$I(x,y)$ 为输入静脉图像。

第二，利用 4 个方向的谷型运算子（4 个方向的谷型运算子如图 4-3 所示）对上述已去噪的静脉图像进行静脉信息增强，然后选择 4 个增强后的静脉图像相应位置的最大像素值，作为最终静脉信息增强图像的灰度值，如式（4-2）所示：

$$G'(x,y) = \mathrm{Max}\left\{F_1(x,y), F_2(x,y), F_3(x,y), F_4(x,y)\right\} \tag{4-2}$$

式中，$F_1(x,y)$、$F_2(x,y)$、$F_3(x,y)$、$F_4(x,y)$ 分别为经过 45°、135°、水平方向和竖直方向谷型运算子增强后的静脉图像；$G'(x,y)$ 为融合后的静脉增强图像。

第三，采用式（4-3）去除静脉增强图像中的噪声信息和非静脉信息，具体操作如下：

$$G''(x,y) = \begin{cases} G'(x,y), & G'(x,y) > G_{\mathrm{mean}} \\ 0, & \text{其他} \end{cases} \tag{4-3}$$

式中，$G_{\mathrm{mean}} = \dfrac{1}{5 \times 5} \sum_{i=x-2}^{x+2} \sum_{j=y-2}^{y+2} G''(x,y)$，即为 5×5 滑动窗口的均值；$G''(x,y)$ 为处理后的静脉图像。

第四，通过改进的 NiBlack 算法[84]判断每个像素值的分割阈值，具体操作如式（4-4）所示：

$$T(x,y) = \mathrm{Avg}(x,y)\left[1 + k(x,y)\left(\frac{g(x,y)}{R_g} - 1\right)\right] \tag{4-4}$$

式中，$T(x,y)$ 为静脉图像 (x,y) 位置的像素点的分割阈值；$\mathrm{Avg}(x,y)$ 为 41×41 滑动窗口的均值，其值为 $\dfrac{1}{41 \times 41} \sum_{i=x-2}^{x+2} \sum_{j=y-2}^{y+2} G''(x,y)$；$g(x,y)$ 为 (x,y) 位置的梯度值；R_g 为全局最大梯度值；$k(x,y) = b + c\dfrac{\mathrm{Gra}(x,y)}{R_g}$，其中，$\mathrm{Gra}(x,y)$ 为 41×41 滑动窗口的局部最大梯度值，在实验过程中，参照文献[84]和具体的实验分割效果，b 和 c 分别被设置为 0.01 和 0.02。

第五，将 $G''(x,y)$ 中每个像素值与分割阈值 $T(x,y)$ 进行比较，若大于分割阈值，则判定为静脉信息；若小于阈值，则判定为非静脉信息。

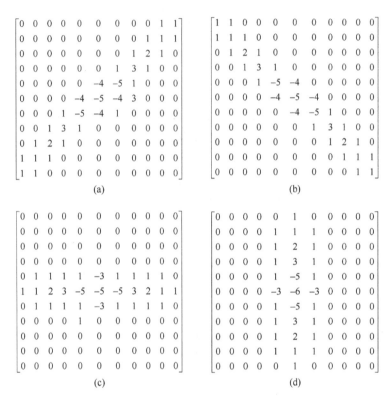

图 4-3　4 个方向的谷型运算子

（a）45°方向；（b）135°方向；（c）水平方向；（d）竖直方向

4.1.2　静脉纹理和形状特征解耦网络

静脉图像可以看成由静脉形状信息和静脉纹理信息构成，静脉纹理信息中包含少量的光照信息。同类别中不同静脉图像的纹理信息因含有光照信息而增加了类内差异，因此，本章通过构建特征解耦网络实现静脉形状特征和纹理特征的自适应解耦，然后设计权值引导的深度特征学习模块，减少静脉纹理信息的融合权值，压缩纹理信息中光照信息对于静脉深度特征表示能力的影响。本章提出的静脉纹理和形状特征解耦网络主要包含静脉纹理编码器 E_1、静脉形状编码器 E_2、图像重建生成器 G_1 和静脉形状生成器 G_2 4 个网络模块。

假定特征解耦网络的输入静脉图像为 I，首先，利用静脉纹理编码器 E_1 提取输入静脉图像 I 的纹理特征（记为 Z_T），利用静脉形状编码器 E_2 提取输入静脉图

像 I 的形状特征（记为 Z_S），上述过程可由式（4-5）和式（4-6）表示：

$$Z_T = E_1(I) \tag{4-5}$$

$$Z_S = E_2(I) \tag{4-6}$$

其次，将形状特征 Z_S 输入静脉形状生成器 G_2 中，生成预测的静脉图像形状信息，与真实静脉图像的形状标签信息进行比较，使得静脉形状编码器可以学习到静脉形状特征的表征能力，具体过程可由式（4-7）和式（4-8）表示：

$$I'_S = G_2(Z_S) \tag{4-7}$$

$$L_S = -\frac{1}{W_S H_S} \sum_{W_S H_S} I_S \log I'_S + (1-I_S) \log (1-I'_S) \tag{4-8}$$

式中，I'_S 为静脉形状生成器 G_2 生成的预测静脉形状特征；I_S 为真实的静脉形状二值标签信息；W_S 和 H_S 分别为形状二值标签图的宽度和高度；L_S 为静脉形状生成器的损失函数。

最后，将形状特征 Z_S 和纹理特征 Z_T 进行级联，随后输入图像重建生成器 G_1 中，重建输入静脉图像，与真实的静脉图像进行比较，使得静脉纹理编码器可以学习到静脉纹理特征的表征能力，具体过程可由式（4-9）和式（4-10）所示：

$$I' = G_1(\text{Concate}(Z_T, Z_S)) \tag{4-9}$$

$$L_C = |I - G_1(\text{Concate}(Z_T, Z_S))| = |I - I'| \tag{4-10}$$

式中，I' 为图像重建生成器 G_1 生成的静脉图像；L_C 为重建损失函数；$|\cdot|$ 为机器学习中常用的 L_1 损失函数。

静脉图像的纹理特征和形状特征详细的解耦过程如图 4-4 所示。

目前，现有的基于深度学习的静脉识别方法大多数直接利用深度卷积神经网络作为基本模型[85, 86]，并没有设计适合静脉图像的网络学习模块，以提高网络模型对于静脉图像的表征学习能力。先前的研究[87]已经表明多尺度网络可以有效学习到输入样本的空间信息，文献[13]也证明了静脉图像空间结构信息对于静脉识别任务是非常重要的。但是存在的多尺度融合模块主要针对自然图像的表征学习而设计的，并没有充分利用不同尺度卷积特征图的空间信息。因此，本章针对静脉图像的表征学习问题，设计了一个多尺度模块（multi-scale block，MSB）。本章所提出的多尺度模块的详细构建过程可以阐述如下。

首先，利用不同尺寸和步长的局部最大池化操作获取不同尺度的静脉特征提取网络分支，如式（4-11）所示：

$$P_K = P_K(x), \quad k = 1, 2, 3, \cdots, 2^{K-1} \tag{4-11}$$

式中，x 为输入的静脉深度特征；K 为多尺度模块中使用的尺度个数，本章 K 取值为 3；$P_K(\cdot)$ 为第 K 个分支的局部最大池化操作，其核尺寸大小为 $k \times k$，步长为 $k \times k$；P_K 为第 K 个分支的输入静脉深度特征。

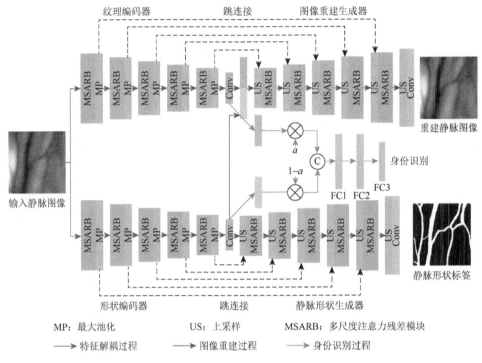

图 4-4　静脉图像的纹理特征和形状特征详细的解耦过程

其次，对第 K 个分支的特征图进行 2 次 3×3 卷积运算后，再将该分支进行 2×2 的上采样操作，随后与第 $K-1$ 分支的静脉深度特征进行级联，具体过程可由式（4-12）表示：

$$Y_{K-1} = H_{K-1}\big(\text{Concate}[P_{K-1}, u_2(Y_K)]\big) \qquad (4\text{-}12)$$

式中，$Y_K = H_K(P_{K-1})$，$H_K(\cdot)$ 为对第 K 个分支的输入特征图使用 2 次 3×3 卷积操作；$u_2(\cdot)$ 为 2×2 的上采样操作函数；$\text{Concate}[\cdot]$ 为级联操作。

最后，将所有分支的输出特征进行相应的上采样操作，再进行级联操作，实现静脉信息多尺度特征融合，如式（4-13）所示：

$$Z_{\text{MSB}} = \text{Concate}\big[u_1(Y_1), u_2(Y_2), \cdots, u_{2^{K-1}}(Y_K)\big] \qquad (4\text{-}13)$$

式中，Z_{MSB} 为所提出的多尺度模块的输出。

SE 模块[88]通常被用于图像识别任务的注意力机制的设计中，通过对不同特征通道之间的相关性进行建模，给具有更多上下文信息的特征通道赋予更大的权重，给无效特征信息的特征通道赋予较小的权重，进而可以有效提高网络模型的表征学习能力。此外，在深度卷积神经网络的设计过程中，当网络层数增加到一定程度以后，则会导致梯度弥散或者梯度爆炸，进而无法实现深度卷积神经网络的有效训练，或者出现网络模型性能退化的问题。本章设计的多尺度模块导致网络模型层数过多，为避免出现网络退化问题，将残差模块思想引入多尺度模块设计中，构建了一种全新的多尺度注意力残差模块（MSARB）。多尺度注意力残差模块含有两个多尺度模块（MSB）、两个 ReLU 激活函数和一个 SE 模块，具体网络结构如图 4-5 所示。

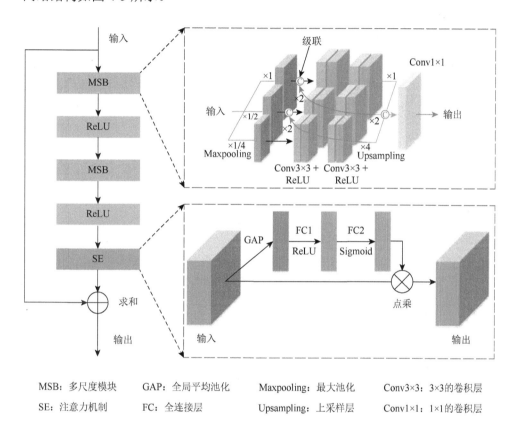

MSB：多尺度模块	GAP：全局平均池化	Maxpooling：最大池化	Conv3×3：3×3 的卷积层
SE：注意力机制	FC：全连接层	Upsampling：上采样层	Conv1×1：1×1 的卷积层

图 4-5　多尺度注意力残差模块的网络结构

在静脉纹理和形状特征解耦网络的设计过程中，静脉纹理编码器 E_1、静脉形状编码器 E_2、图像重建生成器 G_1 和静脉形状生成器 G_2 均以多尺度注意力残差模块作为基本模块来构建网络框架。静脉纹理编码器 E_1 和静脉形状编码器 E_2 含有相同的网络结构，包含 5 个多尺度注意力残差模块、5 个最大池化层和 1 个卷积核为 8×8 的卷积层，详细的网络参数如表 4-1 所示。图像重建生成器 G_1 主要利用解耦的纹理特征和形状特征，重新生成原始的静脉图像，其包含 1 个级联操作、6 个上采样层、5 个多尺度注意力残差模块、1 个卷积核为 3×3 的卷积层和 1 个 Tanh 激活函数，详细的网络参数如表 4-2 所示。静脉形状生成器 G_2 主要包含 6 个上采样层、5 个多尺度注意力残差模块、1 个卷积核为 3×3 的卷积层和 1 个 Sigmoid 激活函数，具体网络参数如表 4-3 所示。

表 4-1　静脉纹理和形状编码器的详细网络参数

层的名称	输入尺寸	核尺寸/步长	输出尺寸
MSARB1	256×256×3	—	256×256×32
Maxpooling1	256×256×32	2×2/2	128×128×32
MSARB2	128×128×32	—	128×128×64
Maxpooling2	128×128×64	2×2/2	64×64×64
MSARB3	64×64×64	—	64×64×128
Maxpooling3	64×64×128	2×2/2	32×32×128
MSARB4	32×32×128	—	32×32×256
Maxpooling4	32×32×256	2×2/2	16×16×256
MSARB5	16×16×256	—	16×16×256
Maxpooling5	16×16×256	2×2/2	8×8×256
Conv6	8×8×256	8×8/1	1×1×256

表 4-2　图像重建生成器的详细网络参数

层的名称	输入尺寸	核尺寸/步长	输出尺寸
Concate7	1×1×256/1×1×256	—	1×1×512
Upsampling8	1×1×512	8×8	8×8×512
MSARB8	8×8×512	—	8×8×256
Upsampling9	8×8×256	2×2	16×16×256
MSARB9	16×16×256	—	16×16×256
Upsampling10	16×16×256	2×2	32×32×256
MSARB10	32×32×256	—	32×32×128
Upsampling11	32×32×128	2×2	64×64×128
MSARB11	64×64×128	—	64×64×64
Upsampling12	64×64×64	2×2	128×128×64
MSARB12	128×128×64	—	128×128×32
Upsampling13	128×128×32	2×2	256×256×32
Conv13	256×256×32	3×3/1	256×256×3
Tanh13	256×256×3	—	256×256×3

表 4-3　静脉形状生成器的详细网络参数

层的名称	输入尺寸	核尺寸/步长	输出尺寸
Upsampling14	1×1×256	8×8	8×8×256
MSARB14	8×8×256	—	8×8×256
Upsampling15	8×8×256	2×2	16×16×256
MSARB15	16×16×256	—	16×16×256
Upsampling16	16×16×256	2×2	32×32×256
MSARB16	32×32×256	—	32×32×128
Upsampling17	32×32×128	2×2	64×64×128
MSARB17	64×64×128	—	64×64×64
Upsampling18	64×64×64	2×2	128×128×64
MSARB18	128×128×64	—	128×128×32
Upsampling19	128×128×32	2×2	256×256×32
Conv19	256×256×32	3×3/1	256×256×2
Sigmoid	256×256×2	—	256×256×2

4.1.3　静脉深度特征学习模块

在将静脉纹理特征和形状特征进行解耦后，利用本章设计的高判别性深度特征学习模块对解耦后的纹理特征和形状特征进行权值融合，以获取用于静脉识别的高判别静脉深度特征，具体过程如下。

首先，对解耦后的纹理特征乘以权值系数 a，随后再对解耦后的形状特征乘以权值系数 $1-a$。

其次，将经过权值加权后的静脉纹理特征和形状特征进行级联，获取融合后的高判别深度特征，随后输入分类层进行身份信息识别，如式（4-14）所示：

$$Z_{\text{fusion}} = \text{Concate}\left[a \cdot Z_{\text{T}}, (1-a) \cdot Z_{\text{S}}\right] \qquad (4\text{-}14)$$

式中，Z_{fusion} 为权值加权融合后的静脉深度特征。

最后，通过调整权值系数 a，得到不同权重融合下的静脉图像的识别率，通过分析静脉图像识别率，揭示静脉纹理特征和形状特征对于静脉识别效果的影响机制，获取静脉纹理特征和形状特征融合的最优权重比。静脉深度特征学习模块的损失函数采用 Softmax，记为 L_{R}，则总体网络模型的损失函数 L_{total} 可由式（4-15）所示：

$$L_{\text{total}} = \lambda_S L_S + \lambda_C L_C + \lambda_R L_R \qquad (4\text{-}15)$$

式中，λ_S、λ_C 和 λ_R 为平衡不同损失函数的超参数。

4.2　实验设计与结果分析

本节在 3 个公开的静脉图像数据库上构建了大量的消融实验和对比实验，全面地评估了本章所提出的基于特征解耦网络的手部静脉识别方法的性能。在消融实验设计中，首先分析了多尺度注意力残差模块对于模型性能提升的效果；然后充分讨论了静脉纹理特征和形状特征对于静脉识别任务效果的影响，选择最优的权值融合方法，提高静脉深度特征的表示能力。在对比实验设计中，选择了最新的或经典的 16 种基于手工特征和深度特征的手部静脉识别模型作为实验对比算法，以 CRR 和 EER 作为评估指标，来评估本章所提出模型的有效性。

4.2.1　实验设置

在本章的实验设计过程中，对于手部静脉图像数据库，286×5 张手背或手掌静脉图像经过旋转、尺度缩放形成一个 286×200 张的训练样本集，剩余的 286×5 张手背或手掌静脉图像作为测试集来评估已训练网络模型的性能；对于 PUT Palmvein 数据库，前两个阶段采集的 100×8 张掌静脉图像经过旋转、尺度缩放形成一个 100×200 张的训练样本集，剩余的 100×4 张掌静脉图像被当作测试样本来评估最终网络模型的效果。在网络训练阶段，输入静脉图像的尺寸大小为 256×256，采用 Adam 算法[89]对网络模型进行优化，学习率被设置为 0.0001，权值衰减系数被设置为 0.5，总训练次数为 100，λ_S、λ_C 和 λ_R 分别被设置为 1、1 和 0.5。本章所有网络模型均使用 Nvidia Tesla V100 GPU 进行训练。

4.2.2　消融实验

本节构建的消融实验主要包含静脉图像分割算法效果评估、多尺度注意力残差模块效果评估以及静脉纹理特征和形状特征对于静脉识别效果的影响分析三部分内容，下面将分别对各部分内容进行详细介绍。

1. 静脉图像分割算法效果评估

在本节的评估实验中，选择宽度检测子（wide line detector）[90]、改进的 NiBlack 算法[84]和文献[91]中改进的静脉图像分割算法作为对比模型，全面评估所提出静脉图像分割算法的效果。不同静脉图像分割算法的实验结果如图 4-6 所示。由图 4-6

所示，宽度检测子方法获得的静脉图像存在大量的噪声信息，改进的 NiBlack 算法和文献[91]中改进的静脉图像分割算法虽然可以提取较完整的静脉形状信息，但是存在少量的断点噪声信息。相比上述 3 种静脉图像分割算法，本章提出的静脉图像分割算法可以很好地提取静脉形状信息，去除少量断点噪声信息，进而可以证明所提出方法的有效性。

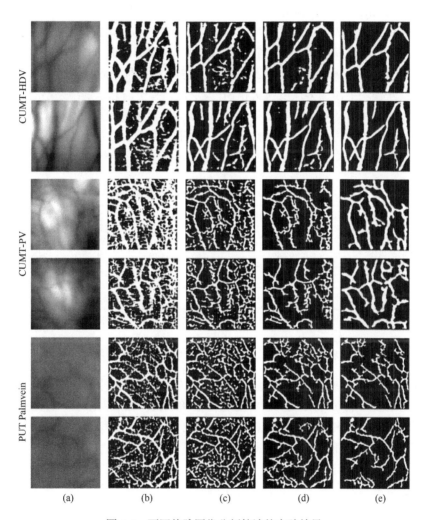

图 4-6　不同静脉图像分割算法的实验结果

（a）原始静脉图像；（b）宽度检测子；（c）改进的 NiBlack 算法；（d）改进的静脉图像分割算法；（e）本章算法

2. 多尺度注意力残差模块效果评估

本节分别以基本残差模块（basic residual block，BRB）、多尺度残差模块（multi-scale residual block，MSRB）和多尺度注意力残差模块（MSARB）为基础模块，构建静脉纹理和形状特征解耦网络，在 CUMT-HDV 数据库上，以模型的识别率作为评价指标，充分验证本章所提出的多尺度注意力残差模块的效果。在本节的实验设计中，基本残差模块是文献[92]提出的基础残差网络，多尺度残差模块表示为将基础残差模块中的两个卷积层替换成本章提出的多尺度模块（MSB），多尺度注意力残差模块指的是在多尺度残差网络模块中添加了 SE 模块。在 CUMT-HDV 数据库上，基于 3 种模块构建的特征解耦网络模型的实验结果如表 4-4 所示。

从表 4-4 中可以得出，在 3 个公开的静脉图像数据库上，基于基本残差模块的特征解耦网络模型获得的身份信息识别结果最差，分别为 98.65%、98.19%、98.30%；在基本残差模块中添加多尺度模块和 SE 模块后，身份信息识别结果不断提升，最终分别达到 99.02%、98.61%、98.78%，其中加入多尺度模块后，对于本章模型性能的提升作用更加明显。基于上述实验结果，进而可以证明本章提出的多尺度注意力残差模块对于静脉纹理和形状特征解耦网络的表征能力具有一定的增强效果。

表 4-4   基于 3 种模块构建的特征解耦网络模型的实验结果

模块类型	CRR/%		
	CUMT-HDV	CUMT-PV	PUT Palmvein
基本残差模块	98.65	98.19	98.30
多尺度残差模块	98.95	98.50	98.66
多尺度注意力残差模块	99.02	98.61	98.78

3. 静脉纹理特征和形状特征对于静脉识别效果的影响分析

利用特征解耦网络实现输入静脉图像纹理特征和形状特征的分离以后，本章构建了静脉深度特征学习模块，将纹理特征和形状特征重新融合，并通过调整静脉纹理特征和形状特征的融合权重，进一步分析纹理特征和形状特征分别对静脉识别任务效果的影响特性，随后选取最优的权重组合方式，对静脉纹理特征和形状特征进行融合，进而可以增强静脉深度特征的表示能力，提高静脉图像识别的准确率。静脉纹理特征和形状特征对于静脉识别效果的实验结果如表 4-5 所示。

表 4-5   静脉纹理特征和形状特征对于静脉识别效果的实验结果

融合权重（纹理：形状）	CRR/%		
	CUMT-HDV	CUMT-PV	PUT Palmvein
0：1	96.95	96.46	96.66
0.1：0.9	97.58	96.89	97.34

续表

融合权重（纹理：形状）	CRR/%		
	CUMT-HDV	CUMT-PV	PUT Palmvein
0.2：0.8	97.85	97.33	97.52
0.3：0.7	98.56	98.13	98.30
0.4：0.6	99.02	98.61	98.78
0.5：0.5	98.38	97.77	98.04
0.6：0.4	97.76	97.14	97.50
0.7：0.3	97.13	96.65	97.06
0.8：0.2	96.77	96.18	96.43
0.9：0.1	96.06	95.63	95.80
1：0	95.43	94.91	95.09

由表 4-5 可知，在 3 个公开的静脉图像数据库上，只利用解耦后的静脉形状深度特征作为特征向量进行身份识别的效果，高于只利用静脉纹理深度特征作为特征向量进行身份识别的效果。在静脉形状特征和纹理特征融合过程中，随着静脉形状特征融合权重的增加，身份识别模型的性能不断提升，当静脉形状特征的权重为 0.6，纹理特征的权重为 0.4 时，身份识别模型的性能达到了最高值，然后再增加静脉纹理特征的融合权值，则身份识别模型的效果呈现减小的趋势。造成这一现象的原因主要是随着静脉纹理特征权重的增加，光照信息、噪声信息等对于静脉纹理特征的判别能力的影响逐渐增大，进而降低融合的静脉深度特征的表示能力。

4.2.3　对比实验设计与分析

为了全面且有效地评估所提出的基于特征解耦网络的手部静脉识别算法的性能，本章在 3 个公开的静脉图像数据库上，设计了基于手工特征和深度特征的静脉图像识别对比实验。在本章设计的对比实验中，CRR 和 EER 被用来作为模型性能的评价指标。

1. 基于手工特征的手部静脉识别算法对比实验评估

本节选取空间曲线滤波器（SCF）[18]、静脉三枝叉点信息（TB）[15]和自适应学习的 Gabor 滤波器（adaptive learning Gabor filter，ALGF）[19]3 种基于形状特征的手部静脉识别模型，以及高判别局部二值模式（DLBP）[30]、局部特征匹配（LFM）[35]、基于锚点的图流形空间二值模式（anchor-based manifold binary pattern，AMBP）[93]、基于蚁群优化的多尺度局部二值模式（multi-scale local binary pattern with ant colony optimization，ACO-MSLBP）[31]、多尺度局部二值模式和二维主成分分析融合模型（the fusion of multi-scale local binary pattern and 2D principal component analysis，MSLBP-PCA）[94]5 种基于纹理特征的手部静脉识别模型作为对比算法，来评估本章所提出的手部静脉识别方法的效果。

不同静脉识别对比模型的身份识别结果如表 4-6 所示。从表 4-6 中可以得出，在 3 个公开的静脉图像数据库上，相比其他 8 种基于手工特征的手部静脉识别模型，本章提出的基于特征解耦网络的手部静脉识别模型取得了最高身份识别结果，分别为 99.02%、98.61%和 98.78%，进而证明所提出模型在静脉识别领域具有领先的性能。

表 4-6　在 3 个公开的静脉图像数据库上 9 种基于手工特征的手部静脉识别模型的实验结果

方法	CRR/%		
	CUMT-HDV	CUMT-PV	PUT Palmvein
静脉三枝叉点信息	91.75	90.93	91.12
空间曲线滤波器	93.28	92.86	92.90
自适应学习的 Gabor 滤波器	93.94	93.88	93.84
高判别局部二值模式	95.67	95.11	94.96
局部特征匹配	94.81	94.24	94.45
基于锚点的图流形空间二值模式	95.34	94.91	94.67
基于蚁群优化的多尺度局部二值模式	95.77	95.30	95.04
多尺度局部二值模式和二维主成分分析融合模型	96.19	95.71	95.52
本章算法	99.02	98.61	98.78

不同手部静脉识别对比模型取得的 EER 结果如表 4-7 所示，构建的 ROC 曲线如图 4-7～图 4-9 所示。从表 4-7 中可以得出，在 3 个公开的静脉图像数据库上，相比 8 种基于手工特征的手部静脉识别模型，本章提出的基于特征解耦网络的手部静脉识别模型取得了最低 EER 值，分别为 0.30%、0.67%和 0.44%。因此，基于上述实验结果，可以有效证明本章所提出模型具有优异的效果。此外，由图 4-7～图 4-9 可知，相较于 8 种基于手工特征的手部静脉识别模型的 ROC 曲线，本章提出的基于特征解耦网络的手部静脉识别模型取得了较好的实验结果，进而表明了本章所提出模型的有效性。

表 4-7　在 3 个公开的静脉图像数据库上 9 种基于手工特征的手部静脉识别模型的 EER 结果

方法	EER/%		
	CUMT-HDV	CUMT-PV	PUT Palmvein
静脉三枝叉点信息	2.97	3.80	1.78
空间曲线滤波器	2.59	3.06	1.32
自适应学习的 Gabor 滤波器	2.44	2.92	1.27
高判别局部二值模式	1.85	2.47	1.13
局部特征匹配	2.11	2.86	1.20
基于锚点的图流形空间二值模式	1.96	2.55	1.18
基于蚁群优化的多尺度局部二值模式	1.80	2.33	1.11
多尺度局部二值模式和二维主成分分析融合模型	1.52	2.24	1.01
本章算法	0.30	0.67	0.44

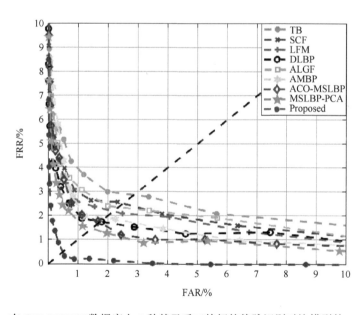

图 4-7　在 CUMT-HDV 数据库上 9 种基于手工特征的静脉识别对比模型的 ROC 曲线

2. 基于深度特征的手部静脉识别算法对比实验评估

为了更好地评估本章所提出的基于特征解耦网络的手部静脉识别算法的有效性，本节选取卷积神经网络（CNN）[76]、双通道卷积神经网络（TCCNN）[43]、结

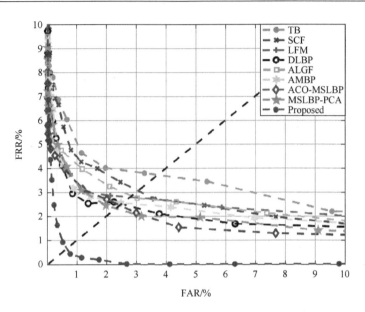

图 4-8　在 CUMT-PV 数据库上 9 种基于手工特征的静脉识别对比模型的 ROC 曲线

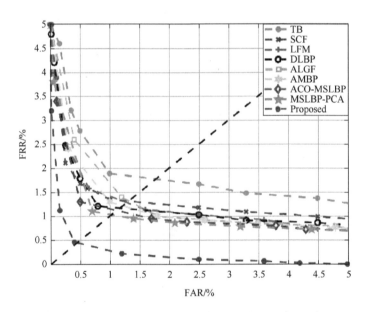

图 4-9　在 PUT Palmvein 数据库上 9 种基于手工特征的静脉识别对比模型的 ROC 曲线

构生长引导的深度卷积神经网络（SGDCNN）[42]、高判别静脉识别模型（DVR）[40]、先验知识引导的深度置信网络（a deep belief network guided by prior knowledge，DBN）[44]、多感受野双线性卷积神经网络（multi-receptive field bilinear convolutional neural network，MRF-BCNN）[95]、手指静脉识别和仿冒攻击统一网络（finger vein recognition and spoofing detection network，FVRAS-Net）[96]和联合注意力网络（joint attention network，JAN）[46]8 种基于深度特征的手部静脉识别模型作为对比算法，在 3 个公开的静脉图像数据库上设计了对比实验。

在 3 个公开的静脉图像数据库上，8 种手部静脉识别对比模型的详细实验结果如表 4-8 所示。由表 4-8 可知，在 3 个公开的静脉图像数据库上，基于卷积神经网络的手部静脉识别模型获得了最低的识别率，分别为 88.05%、87.26%和 87.16%；联合注意力网络获取了最高的识别率，分别为 98.58%、98.21%和 98.30%；本章提出的基于特征解耦网络的手部静脉识别模型取得的识别率分别为 99.02%、98.61%和 98.78%，均高于其他 8 种基于深度特征的手部静脉识别模型的识别率，有效表明本章所提出的手部静脉识别模型具有优异的性能。

表 4-8　在 3 个公开的静脉图像数据库上 9 种基于深度特征的手部静脉识别模型的实验结果

方法	CRR/%		
	CUMT-HDV	CUMT-PV	PUT Palmvein
卷积神经网络	88.05	87.26	87.16
结构生长引导的深度卷积神经网络	89.73	89.02	89.30
双通道卷积神经网络	96.16	95.32	95.45
先验知识引导的深度置信网络	96.40	95.80	95.95
高判别静脉识别模型	97.52	97.05	96.43
手指静脉识别和仿冒攻击统一网络	97.59	97.10	97.12
多感受野双线性卷积神经网络	98.27	97.75	97.90
联合注意力网络	98.58	98.21	98.30
本章算法	99.02	98.61	98.78

8 种基于深度特征的手部静脉识别算法取得的 EER 结果如表 4-9 所示，构建的 ROC 曲线如图 4-10～图 4-12 所示。由表 4-9 可知，在 3 个公开的静脉图像数据库上，8 种静脉识别对比模型中，基于卷积神经网络的手部静脉识别模型取得的 EER 值最大，分别为 5.22%、7.02%和 3.97%；联合注意力网络取得的 EER 值最小，分别为 0.41%、0.89%和 0.52%；本章提出的基于特征解耦网络的手部静脉识别模型取得的 EER 值分别为 0.30%、0.67%和 0.44%，均低于其他 8 种基于深度特征的手部静脉识别模型的 EER 值。因此，上述实验结果可以表明本章所提出模型的性能优于其他 8 种主流的基于深度特征的手部静脉识别模型。此外，由图

4-10~图 4-12 可知，相较于 8 种基于深度特征的手部静脉识别模型的 ROC 曲线，本章提出的基于特征解耦网络的手部静脉识别模型取得了最好的实验结果，进而证明了所设计算法的有效性。

表 4-9　在 3 个公开的静脉图像数据库上 9 种基于深度特征的手部静脉识别模型的 EER 结果

方法	EER/%		
	CUMT-HDV	CUMT-PV	PUT Palmvein
卷积神经网络	5.22	7.02	3.97
结构生长引导的深度卷积神经网络	4.28	5.98	2.57
双通道卷积神经网络	1.54	2.30	1.04
先验知识引导的深度置信网络	1.48	2.12	0.90
高判别静脉识别模型	0.92	1.29	0.84
手指静脉识别和仿冒攻击统一网络	0.88	1.25	0.65
多感受野双线性卷积神经网络	0.53	1.19	0.58
联合注意力网络	0.41	0.89	0.52
本章算法	0.30	0.67	0.44

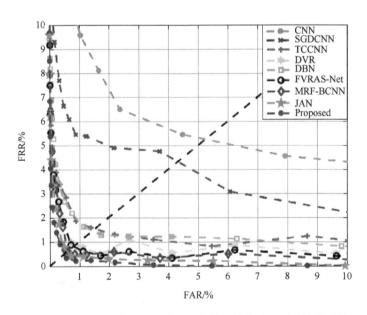

图 4-10　在 CUMT-HDV 数据库上 9 种基于深度特征的静脉识别对比模型的 ROC 曲线

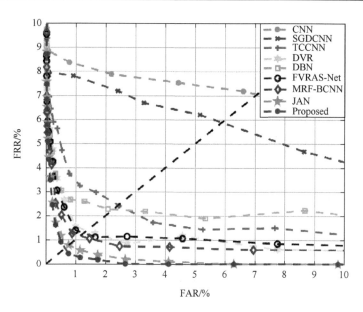

图 4-11　在 CUMT-PV 数据库上 9 种基于深度特征的静脉识别对比模型的 ROC 曲线

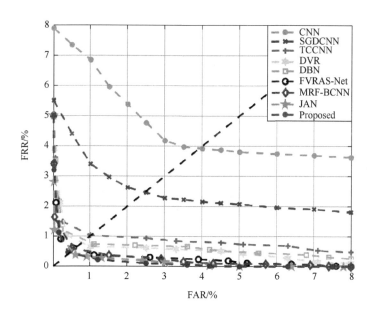

图 4-12　在 PUT Palmvein 数据库上 9 种基于深度特征的静脉识别对比模型的 ROC 曲线

4.3　本　章　小　结

针对单一静脉纹理特征提取算法和静脉形状特征提取算法存在特征表示能力

不足的问题，本章提出了基于特征解耦网络的手部静脉识别方法。首先，构建一种简单且高效的静脉图像分割算法，获取高质量的静脉图像形状标签信息；其次，设计基于多尺度注意力残差的特征解耦网络，实现静脉纹理特征和形状特征自适应解耦；最后，提出权值引导的静脉纹理特征和形状特征融合模块，分析了静脉纹理特征和形状特征对于手部静脉识别性能的影响特性，选择了最优的权值组合方式，提高了静脉深度特征的表示能力，进而提升了静脉识别算法的识别率。本章在 3 个公开的静脉图像数据库上，以 16 种最新或经典的基于手工特征和深度特征的手部静脉识别模型作为对比算法，以 CRR 和 EER 作为评估指标，构建了大量的对比实验来全面地评估所提出的基于特征解耦网络的手部静脉识别方法的性能。实验结果表明，在 3 个公开的静脉图像数据库上，所提出的模型均取得了优异的结果，进而可以证明所提出模型的有效性。

第5章　基于合成静脉样本的手部单模态生物特征识别

近几年，深度卷积神经网络因为其高判别性的特征表示能力已经在大规模图像识别任务上取得优异的结果。但是，对于静脉识别这种小样本识别任务，由于缺乏足够的训练样本集，很难有效训练深度卷积神经网络，来获取高判别性的特征表示能力。为解决上述问题，文献[96]利用常用的尺度旋转、裁剪、缩放等方式对静脉样本进行增强，以增加静脉图像的训练样本集。虽然该方法可以有效解决因静脉样本不足而导致深度卷积神经网络产生过拟合的问题，但是对于网络表征学习能力的提升有限。目前，生成对抗网络已经成熟地应用在图像生成[97]、风格迁移[98]等计算机视觉任务上，其也被作为一种常用的方法去解决深度网络模型训练样本不足的问题，即通过合成与真实图像相同分布的训练图像，实现小规模训练样本集的扩充。例如，文献[99]构建基于生成对抗网络的人脸生成模型，通过合成大量的人脸图像，实现人脸训练数据集的扩充，进而解决因训练样本不足而无法有效训练深度卷积神经网络的问题。在静脉识别领域，部分研究人员也在尝试利用生成对抗网络技术实现小样本静脉图像数据库的扩充，然后利用扩充后的静脉图像数据库训练所设计的深度卷积神经网络[40,41]。例如，文献[41]构建了基于循环一致性生成对抗网络的静脉图像生成模型，通过生成静脉图像对原始的静脉图像数据集进行扩充。虽然该方法进一步提高了深度卷积神经网络对于静脉图像的表征能力，但是由于生成静脉图像和真实静脉图像存在一定的领域偏移，网络模型对于真实静脉图像的表示能力不足。利用文献[41]生成的静脉图像和原始的静脉图像如图 5-1 所示。

由图 5-1 可知，生成的静脉图像和原始的静脉图像的形状信息基本相似，但是纹理信息存在一定差异，进而导致基于生成静脉图像训练的深度卷积神经网络对于真实静脉图像的表征能力不足。为了减少生成静脉样本对于深度卷积神经网

(a)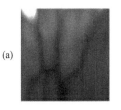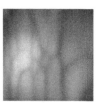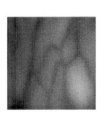

(b)

图 5-1　真实和生成的静脉图像

（a）真实静脉图像；（b）生成静脉图像

络模型表征学习的影响，增强网络模型对于真实静脉样本的表示能力，本章提出了基于合成静脉样本的手部静脉识别模型。该方法首先构建了基于特征解耦学习的静脉图像生成网络，实现静脉图像训练样本集的扩充；其次，构建静脉图像自适应融合网络，减少生成静脉样本和真实静脉样本之间的领域偏移，增强网络对于真实静脉样本的特征表示能力；最后，设计全局-局部静脉特征学习网络，进一步增强深度卷积神经网络对于静脉图像的特征表示能力。

5.1　基于合成静脉样本的静脉深度特征学习模型

针对由于生成静脉样本和真实静脉样本存在领域偏移，深度卷积神经网络对于真实静脉图像特征表示能力不足的问题，本章提出了基于合成静脉样本的静脉深度特征学习模型，其整体框架如图 5-2 所示。本章提出的模型主要包含基于特征解耦学习的静脉图像生成网络、静脉图像自适应融合网络和全局-局部静脉深度特征学习网络 3 个重要内容，下面将分别对各个内容进行详细介绍。

5.1.1　基于特征解耦学习的静脉图像生成网络

第 4 章构建的基于特征解耦网络的手部静脉识别方法的思路来源是按照人类视觉系统判断静脉图像身份信息时主要依赖形状信息，同时在静脉采集过程中，因光照信息等因素容易导致静脉纹理信息发生变化，进而增加了同类别静脉图像的类内差异。基于上述研究思路，本节在第 4 章提出的特征解耦网络的基础上进行了改进，提出了基于特征解耦学习的静脉图像生成网络模型。其核心思路是以静脉图像中重要的形状信息作为身份信息，通过改变静脉图像纹理信息，模拟真实环境中因各种因素而导致采集到静脉图像纹理信息的变化，以生成符合真实环境的纹理信息多样性的高质量静脉图像。

本节所提出的静脉图像生成网络主要包含静脉纹理和形状特征解耦网络模块、静脉图像分割网络模块和判别器 3 个重要部分，如图 5-3 所示。静脉图像生

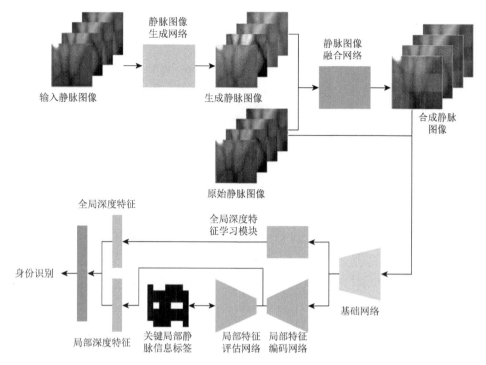

图 5-2　基于合成静脉样本的静脉深度特征学习模型

成网络设计的详细步骤如下：首先，通过构建的静脉纹理和形状特征解耦网络，将输入的不同类别的静脉图像分解为形状特征和纹理特征；其次，以解耦后的形状特征作为静脉图像身份信息，交换不同类别输入静脉图像的纹理信息，随后利用静脉图像生成网络生成具有新纹理信息的静脉图像；最后，由于生成的具有新纹理信息的静脉图像没有监督信息，借鉴循环一致性生成对抗网络的思路，构建了静脉图像分割网络，将生成的具有新纹理信息的静脉图像再变换成静脉形状二值图像，随后再构建两个判别器，使得生成的静脉图像的纹理信息更加真实且接近目标纹理信息的分布。下面将分别详细介绍本节构建的静脉图像生成网络的各个重要网络模块。

1. 静脉纹理和形状特征解耦网络模块

静脉纹理和形状特征解耦网络主要包含静脉纹理编码器 E_T、静脉形状编码器 E_S、图像重建生成器 G_C 和静脉形状生成器 G_S 4 个模块。

假定两幅不同类别的静脉图像分别记为 I_1 和 I_2，首先，利用静脉纹理编码器 E_T 分别提取输入静脉图像 I_1 和 I_2 的纹理特征（分别记为 Z_{T1} 和 Z_{T2}），利用静脉形状编码器 E_S 分别提取输入静脉图像 I_1 和 I_2 的形状特征（分别记为 Z_{S1} 和 Z_{S2}），上述过程可由式（5-1）~式（5-4）表示：

$$Z_{T1} = E_T(I_1) \tag{5-1}$$

$$Z_{T2} = E_T(I_2) \tag{5-2}$$

$$Z_{S1} = E_S(I_1) \tag{5-3}$$

$$Z_{S2} = E_S(I_2) \tag{5-4}$$

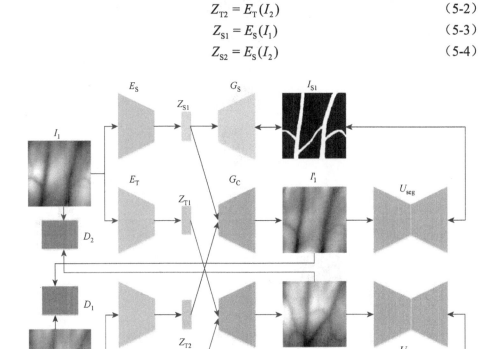

E_T：静脉纹理编码器　　　G_S：静脉形状生成器　　　U_{seg}：静脉图像分割网络

E_S：静脉形状编码器　　　G_C：图像重建生成器　　　D_1、D_2：判别器网络

图 5-3　基于特征解耦学习的静脉图像生成网络模型

其次，分别将形状特征 Z_{S1} 和 Z_{S2} 输入静脉形状生成器 G_S 中，生成预测的静脉图像形状信息，与真实静脉图像的形状标签信息进行比较，使得静脉形状编码器可以学习到静脉形状特征的表征能力，具体过程可由式（5-5）～式（5-8）表示。

$$I'_{S1} = G_S(Z_{S1}) \tag{5-5}$$

$$I'_{S2} = G_S(Z_{S2}) \tag{5-6}$$

$$L_{S1} = -\frac{1}{W_{S1}H_{S1}} \sum_{W_{S1}H_{S1}} \left(I_{S1}\log I'_{S1} + (1-I_{S1})\log (1-I'_{S1}) \right) \tag{5-7}$$

$$L_{S2} = -\frac{1}{W_{S2}H_{S2}} \sum_{W_{S2}H_{S2}} \left(I_{S2}\log I'_{S2} + (1-I_{S2})\log(1-I'_{S2}) \right) \tag{5-8}$$

式中，I'_{S1} 和 I'_{S2} 分别为静脉图像 I_1 和 I_2 的静脉形状信息的预测结果；I_{S1} 和 I_{S2} 为损失函数；I_{S1} 和 I_{S2} 分别为真实静脉图像的形状二值标签图，由本章提出的静脉图像分割算法获得；W_{S1} 和 H_{S1} 为 I_{S1} 的宽度和高度；W_{S2} 和 H_{S2} 为 I_{S2} 的宽度和高度。

最后，将输入静脉图像 I_1 的形状特征 Z_{S1} 和输入静脉图像 I_2 的纹理特征 Z_{T2} 进行级联，随后输入图像重建生成器 G_C 中，生成具有新纹理信息的静脉图像 I'_1。再将输入静脉图像 I_2 的形状特征 Z_{S2} 和输入静脉图像 I_1 的纹理特征 Z_{T1} 进行级联，随后输入图像重建生成器 G_C 中，生成具有新纹理信息的静脉图像 I'_2。具体过程可由式（5-9）和式（5-10）表示：

$$I'_1 = G_C\left(\text{Concate}[Z_{T2}, Z_{S1}]\right) \tag{5-9}$$

$$I'_2 = G_C\left(\text{Concate}[Z_{T1}, Z_{S2}]\right) \tag{5-10}$$

由于生成的具有新纹理信息的静脉图像没有相应的标签信息进行监督训练，本节采用循环一致性生成对抗网络的研究思路，设计静脉图像分割网络将生成的静脉图像再变换成静脉形状二值图像，通过静脉图像的形状信息进行监督训练。同时，本节还构建了两个判别器，使得生成静脉图像的纹理信息更加接近目标纹理信息，详细的内容将在后续章节进行介绍。

2. 静脉图像分割网络模块

虽然生成的静脉图像和输入的静脉图像具有不同的纹理信息，但是含有相同的形状信息。因此，通过构建静脉图像分割网络获取生成的静脉图像的形状信息，然后利用输入图像的形状信息作为标签信息进行监督训练，则可解决生成的静脉图像因无标签信息而导致无法进行网络训练的问题。本节提出的静脉图像分割网络主要包含 7 个残差模块、3 个最大池化层、3 个上采样层、1 个卷积层和 1 个 Sigmoid 激活函数层，具体的网络结构参数如表 5-1 所示。在本章的实验过程中，残差模块采用文献[87]中的 Res2Block 模块，静脉图像分割网络采用二值交叉熵损失函数进行训练，分别记为 L_{seg1} 和 L_{seg2}。

表 5-1　静脉图像分割网络的详细参数

层的名称	输入尺寸	核尺寸/步长	输出尺寸
Res2Block1	224×224×3	—	224×224×64
Maxpooling1	224×224×64	2×2/2	112×112×64
Res2Block2	112×112×64	—	112×112×128

续表

层的名称	输入尺寸	核尺寸/步长	输出尺寸
Maxpooling2	112×112×128	2×2/2	56×56×128
Res2Block3	56×56×128	—	56×56×256
Maxpooling3	56×56×256	2×2/2	28×28×256
Res2Block4	28×28×256	—	28×28×256
Upsampling5	56×56×256	2×2	56×56×256
Res2Block5	56×56×256	—	56×56×256
Upsampling6	56×56×256	2×2	112×112×256
Res2Block6	112×112×256	—	112×112×128
Upsampling7	112×112×128	2×2	224×224×128
Res2Block7	224×224×128	—	224×224×64
Conv8	224×224×64	3×3/1	224×224×2
Sigmoid8	224×224×2	—	224×224×2

3. 判别器

本节设计的两个判别器网络（分别记为 D_1 和 D_2）的主要作用是使得生成的静脉图像的纹理信息更加接近目标静脉图像的纹理信息，即通过判别器 D_1 使得生成的静脉图像 I_1' 更加接近输入静脉图像 I_2 的纹理信息；通过判别器 D_2 使得生成的静脉图像 I_2' 更加接近输入静脉图像 I_1 的纹理信息。本节构建的两个判别器均采用 VGG16 网络的基本结构，训练过程中使用的损失函数分别为 L_{adv1} 和 L_{adv2}，具体如式（5-11）式（5-12）所示：

$$L_{adv1} = E_{I_2 \sim P_{data}(I_2)} \log(D_1(I_2)) + E_{I_1' \sim P(I_1')} \log(1 - D_1(I_1')) \quad (5\text{-}11)$$

$$L_{adv2} = E_{I_1 \sim P_{data}(I_1)} \log(D_2(I_1)) + E_{I_2' \sim P(I_2')} \log(1 - D_2(I_2')) \quad (5\text{-}12)$$

基于特征解耦学习的静脉图像生成网络的总体损失函数 L_{GT} 可由式（5-13）表示：

$$L_{GT} = \lambda_{S1}L_{S1} + \lambda_{S2}L_{S2} + \lambda_{seg1}L_{seg1} + \lambda_{seg2}L_{seg2} + \lambda_{adv1}L_{adv1} + \lambda_{adv2}L_{adv2} \quad (5\text{-}13)$$

式中，λ_{S1}、λ_{S2}、λ_{seg1}、λ_{seg2}、λ_{adv1} 和 λ_{adv2} 分别为平衡各损失函数的超参数。

5.1.2 静脉图像自适应融合网络

在利用本章提出的静脉图像生成网络对原始静脉图像进行扩充后，如果直接利用数据增强后的静脉样本集去训练设计的静脉深度表征学习网络，由于原始的静脉图像较少，生成的静脉样本较多，静脉深度表征学习网络对于真实静脉图像的特征表示能力下降。Zhang 等[100]提出的 Mixup 方法通常被用于解决生成样本和真实样本之间的领域偏移问题，其核心思想是通过随机产生权值分别对生成样本和真实样本进行加权，随后再进行线性组合以产生混合样本。虽然上述方法可以在一定程度上解决样本分布存在偏移的领域自适应问题，但是由于线性组合的权值是随机产生的，并没有与网络模型的表现相关联，因此网络模型的鲁棒性较差。此外，文献[101]提出利用基于局部模块的增强方法，其主要思想是利用基于栅格的线性组合方式对不同分布的样本进行混合增强。该方法表明基于局部模块的混合增强方法可以有效减少生成样本和真实样本之间的领域偏移，提高小样本学习模型的表征学习效果。基于上述思路，本节构建了基于区域的静脉图像自适应融合网络，即通过构建深度卷积神经网络，学习生成静脉样本和原始样本之间的局部模块权值，然后基于栅格的线性组合进行自适应融合。相较于 Mixup 方法，本节提出的基于区域的静脉图像自适应融合网络不仅可以减少生成静脉样本和原始静脉样本之间的分布偏差，同时也可以有效提高静脉深度表征学习网络的特征表示能力。

假定原始的静脉样本为 I_{orig}，生成的静脉样本为 I_{gen}，合成的静脉样本为 I_{syn}，则生成的静脉样本与原始的静脉样本之间的融合方法可由式（5-14）所示：

$$I_{syn} = W \odot I_{orig} + (1-W) \odot I_{gen} \qquad (5-14)$$

式中，$\odot$ 为对元素进行相乘操作；W 为通过静脉图像自适应融合网络学习而获得的权值。

基于静脉图像自适应融合网络学习融合权值的过程如下：首先，利用原始静脉图像编码器提取输入原始静脉样本的深度特征；其次，利用生成静脉图像编码器提取输入生成静脉样本的深度特征；最后，将获得的深度特征进行级联，利用全连接层输出最后的权重。在本节算法设计中，参照文献[101]中的局部模块划分方式，将静脉图像分为 3×3 个局部区域。因此，静脉图像自适应网络的最后全连接层的输出维度为 9，激活函数为 Sigmoid。原始静脉图像编码器和生成静脉图像编码器具有相同的网络结构，均采用基本的 VGG16 网络结构。

5.1.3　全局–局部静脉深度特征学习网络

本节设计了全局–局部静脉深度特征学习网络，充分利用了静脉图像的全局信息和局部信息的互补优势，提高了深度卷积神经网络对于静脉图像的特征表示能力。全局–局部静脉深度特征学习网络的具体步骤如下：首先，利用基础网络模块 B 提取输入静脉图像的中间深度特征 $F_{im} = B(I_{syn})$；其次，将中间深度特征 F_{im} 输入静脉全局特征学习模块 G，获取最后的静脉全局特征表示向量 $D_g = G(F_{im})$，同时将中间深度特征 F_{im} 输入静脉局部特征编码模块 L，然后通过静脉局部特征评估模块 E 使得静脉局部特征编码模块可以学习到更加具有高判别性的局部静脉信息，最后获取的静脉局部特征表示向量为 $D_l = L(F_{im})$；最后，将静脉全局深度特征和局部深度特征进行级联，随后输入全连接层，再利用输出层实现静脉图像身份信息的识别。下面将分别详细介绍静脉全局深度特征学习模块、静脉局部深度特征学习模块和网络模型的总体损失函数。

1. 静脉全局深度特征学习模块

本节设计的静脉全局深度特征学习模块和局部深度特征学习模块均基于文献[87]中的 Res2Block 残差模块进行构建。基础网络模块 B 主要由 3 个残差模块和 3 个最大池化层构成，静脉全局深度特征学习模块 G 包含 2 个残差模块、2 个最大池化层和 1 个全连接层。详细的网络参数配置如表 5-2 所示。

表 5-2　基础网络模块和静脉全局深度特征学习模块的详细参数

模块	层的名称	输入尺寸	核尺寸/步长	输出尺寸
基础网络	Res2Block1	224×224×3	—	224×224×64
	Maxpooling1	224×224×64	2×2/2	112×112×64
	Res2Block2	112×112×64	—	112×112×128
	Maxpooling2	112×112×128	2×2/2	56×56×128
	Res2Block3	56×56×128	—	56×56×256
	Maxpooling3	56×56×256	2×2/2	28×28×256
全局深度特征学习网络	Res2Block4	28×28×256	—	28×28×512
	Maxpooling4	28×28×512	2×2/2	14×14×512
	Res2Block5	14×14×512	—	14×14×512
	Maxpooling5	14×14×512	2×2/2	7×7×512
	FC6	25088	—	1024

2. 静脉局部深度特征学习模块

静脉局部深度特征学习模块的主要思路是利用预训练深度卷积神经网络提取输入静脉图像的深度卷积特征图，然后利用保留空间位置信息的局部最大池化操作获取局部关键静脉信息响应特征图，随后再利用局部关键静脉信息响应特征图与原始输入图像之间的尺寸关系，构建局部关键静脉信息二值图，最后基于局部关键信息二值图作为监督信息，指导深度网络学习高判别性的局部静脉信息，进而提高静脉深度特征的表示能力。静脉局部深度特征学习模块由 7 个残差模块、2 个最大池化层、6 个上采样层、2 个卷积层和 1 个 Sigmoid 激活函数层构成，详细的网络参数配置如表 5-3 所示。

表 5-3　静脉局部深度特征学习模块的详细参数

模块	层的名称	输入尺寸	核尺寸/步长	输出尺寸
静脉局部特征编码模块	Res2Block7	28×28×256	—	28×28×512
	Maxpooling7	28×28×512	2×2/2	14×14×512
	Res2Block8	14×14×512	—	14×14×512
	Maxpooling8	14×14×512	2×2/2	7×7×512
	Conv9	7×7×512	7×7/1	1×1×1024
静脉局部特征评估模块	Upsampling10	1×1×1024	7×7	7×7×1024
	Res2Block10	7×7×1024	—	7×7×512
	Upsampling11	7×7×512	2×2	14×14×512
	Res2Block11	14×14×512	—	14×14×512
	Upsampling12	14×14×512	2×2	28×28×512
	Res2Block12	28×28×512	—	28×28×256
	Upsampling13	28×28×256	2×2	56×56×256
	Res2Block13	56×56×256	—	56×56×128
	Upsampling14	56×56×128	2×2	112×112×128
	Res2Block14	112×112×128	—	112×112×64
	Upsampling15	112×112×64	2×2	224×224×64
	Conv15	224×224×64	3×3/1	224×224×2
	Sigmoid	224×224×2	—	224×224×2

3. 总体损失函数

总体损失分为静脉图像分类损失函数 L_r 和关键局部静脉信息评估损失函数 L_1 两个部分。静脉图像分类损失函数 L_r 采用的是 Softmax 函数，关键局部静脉信息评估损失函数 L_1 如式（5-15）所示：

$$L_1 = -\frac{1}{W_1 H_1} \sum_{W_1 H_1} \left(Y_1 \log Y_1' + (1 - Y_1) \log (1 - Y_1') \right) \tag{5-15}$$

式中，Y_1' 为关键局部静脉信息的预测结果；Y_1 为真实关键局部静脉信息的二值标签；W_1 和 H_1 为真实关键局部静脉信息标签的宽度和高度。因此，总体网络模型的损失函数 L_{RT} 如式（5-16）所示：

$$L_{RT} = \lambda_r L_r + \lambda_1 L_1 \tag{5-16}$$

式中，λ_r 和 λ_1 为平衡各损失函数的超参数。

5.2　实验设计与结果分析

本节在 3 个公开的静脉图像数据库上构建了大量的消融实验和对比实验，全面地评估了本章所提出的基于合成静脉样本的手部静脉识别方法的性能。首先，构建消融实验，分析静脉样本生成网络、静脉图像自适应融合网络和全局-局部静脉深度特征学习网络等各个网络模块对于整体模型性能的影响；然后，选择最新的或经典的 16 种基于手工特征和深度特征的手部静脉识别模型作为对比算法，以 CRR 和 EER 作为评估指标，来评估本章所提出模型的性能。

5.2.1　实验设置

在本章算法的设计过程中，静脉纹理和形状特征解耦网络与第 4 章构建的特征解耦网络的结构基本一致，只改变了输入图像的尺寸大小，本章静脉输入图像的尺寸设置为 224×224。静脉图像分割网络所使用的标签信息是利用第 4 章中构建的静脉图像分割算法而获得的静脉形状二值标签图。在网络模型的训练样本集构建过程中，对于手部静脉图像数据库，利用本章构建的基于特征解耦学习的静脉图像生成模型生成纹理信息多样化的静脉图像，将原始的 286×5 张手背或手掌静脉图像训练样本集扩充到增强后的含有 286×200 张的训练样本集，剩余的 286×5 张手背或手掌静脉图像作为测试集来评估已训练网络模型的性能；对于 PUT Palmvein 数据库，利用本章设计的静脉图像生成网络将前两个阶段采集的 100×8 张掌静脉图像扩充到一个 100×200 张的训练样本集，剩余的 100×4 张掌静脉图像被当作测试样本来评估最终网络模型的效果。本章网络模型的训练可分为两个阶段，首先利用不同类别成对的静脉图像作为输入，训练基于特征解耦学习的静脉图像生成网络，随后利用训练好的网络对原始静脉样本训练集进行扩充；其次，利用增强后的静脉样本训练集训练静脉图像自适应融合网络和全局-局部静脉深度特征学习网络。在模型的两阶段训练过程中，均采用 Adam 算法[89]对网络模型进行优化，学习率被设置为 0.0001，权值衰减系数被设置为 0.5，总训练次数为 100，λ_{S1}、λ_{S2}、λ_{seg1}、λ_{seg2}、λ_{adv1}、λ_{adv2}、λ_r 和 λ_1 分别被设置为 1、1、0.5、0.5、0.1、0.1、1 和 0.1。本章所有网络模型均使用 Nvidia Tesla V100 GPU 进行训练。

5.2.2　消融实验

本节在 3 个公开的静脉图像数据库上构建 3 个消融实验,旨在全面地评估基于特征解耦学习的静脉图像生成网络、静脉图像自适应融合网络和全局-局部静脉深度特征学习网络 3 个模块的性能。下面将分别对各部分内容进行详细介绍。

1. 静脉图像生成网络的效果评估

利用文献[96]中的基本数据增强(basic data augmentation,BDA)算法,即旋转、缩放等方式,与文献[40]中基于 CycleGAN 网络的静脉图像生成模型作为静脉图像数据集扩充对比算法,以评估本章提出的基于特征解耦学习的静脉图像生成网络的效果。在本节实验设计过程中,图像自适应网络和全局-局部静脉深度特征学习网络为默认设置,只改变静脉图像数据集扩充策略,并且每种类别的静脉图像均扩充到 200 张图像。此外,总体模型的效果采用身份识别率作为评估标准。在 3 个公开的静脉图像数据库上的实验结果如表 5-4 所示。

表 5-4　利用不同数据增强方法取得的实验结果

数据增强方法	CRR/%		
	CUMT-HDV	CUMT-PV	PUT Palmvein
BDA	97.61	97.23	97.47
CycleGAN	98.88	98.59	98.65
本章算法	99.14	98.81	98.90

由表 5-4 可知,在相同实验设置下,网络模型训练在采用原始的基本数据增强方法扩充的静脉训练样本集上,获得的测试结果最差,分别为 97.61%、97.23% 和 97.47%,则表明虽然利用基本的数据增强方法可以有效解决静脉深度网络模型由训练样本不足而导致的过拟合问题,但是对于静脉深度网络模型性能的提升有一定的局限性;网络模型训练在基于 CycleGAN 的静脉图像生成模型扩充的静脉图像训练集上,获得的测试结果比基本的数据增强方法在 3 个公开的手部静脉图像数据库上分别提升了 1.27 个百分点、1.36 个百分点和 1.18 个百分点;而网络模型训练在本章提出的基于特征解耦学习的静脉图像生成网络扩充的静脉样本训练集上,取得了最佳的测试结果,分别为 99.14%、98.81% 和 98.90%,则表明基于本章构建的静脉图像生成模型可以获得更加真实的静脉图像。因此,通过上述实验结果,可以有效证明本章提出的静脉图像生成网络的有效性。

此外,在上述的实验过程中,选取了部分基于本章构建的静脉图像生成网络生成的具有不同纹理信息的静脉图像进行了可视化,如图 5-4 所示。由图 5-4 可知，生成的静脉图像含有相同的身份信息，但是纹理信息却具有多样性，可以有效模拟在真实环境下静脉图像采集过程中因光照信息等各种因素而导致的静脉纹理信息的变化。因此，本章提出的静脉图像生成网络可以有效生成更加接近真实环境的静脉图像。

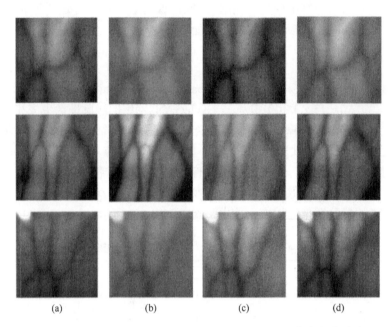

(a) 　　　　　　　(b) 　　　　　　　(c) 　　　　　　　(d)

图 5-4　利用本章提出的静脉图像生成模型获取的不同纹理信息的静脉生成图像

（a）原始静脉图像；（b）～（d）生成的不同纹理信息的静脉图像

2. 静脉图像自适应融合网络的效果评估

本节构建的评估实验可分为三种情况。

第一，直接利用扩充后的静脉图像数据集训练全局-局部静脉深度特征学习网络。

第二，利用 Mixup 方法[100]对生成的静脉图像和原始的静脉图像进行随机融合，来训练全局-局部静脉深度特征学习网络。

第三，利用本章提出的静脉图像自适应融合网络对生成的静脉图像和原始的静脉图像进行融合，随后利用融合后的静脉图像与原始的静脉图像构建训练集来训练全局-局部静脉图像深度特征学习网络。

在本节的实验设计过程中，生成的静脉图像是利用基于特征解耦学习的静脉图像生成网络获得，总体网络模型的性能采用识别率作为评估标准。在 3 个公开的手部静脉图像数据库上，不同融合策略取得的实验结果如表 5-5 所示。

表 5-5　利用不同训练方法取得的实验结果

训练方法	CRR/%		
	CUMT-HDV	CUMT-PV	PUT Palmvein
直接训练	98.25	97.92	98.05
Mixup	98.95	98.70	98.76
本章算法	99.14	98.81	98.90

由表 5-5 可知，直接利用生成的静脉图像和原始的静脉图像构成的静脉图像训练集来训练静脉深度特征学习网络，训练后的网络模型的识别结果最差，分别为98.25%、97.92%和98.05%，主要是因为生成的静脉图像和原始的静脉图像存在一定的分布偏差，导致训练的网络模型对真实静脉图像的表征能力不足；后两种利用融合后的静脉图像训练静脉深度特征学习网络，训练后的网络模型的识别结果均得到了提高；而利用本章所提出的静脉图像自适应融合网络方法取得识别结果最佳，进而可以表明构建的静脉图像自适应网络可以更好地减少生成静脉图像与真实静脉之间的领域偏差，提高静脉深度特征学习网络对于真实静脉图像的表示能力。

此外，在本节的实验过程中，选取部分基于静脉图像自适应融合网络模型融合的静脉图像进行可视化，融合后的静脉图像如图 5-5 所示。由图 5-5 可知，本

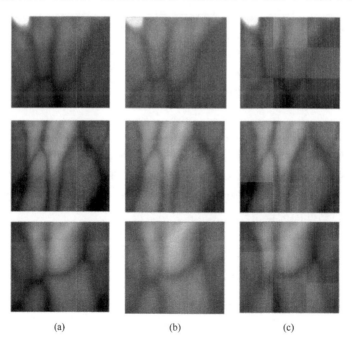

(a)　　　　　　　　　(b)　　　　　　　　　(c)

图 5-5　利用静脉图像自适应融合网络获得的合成静脉图像

（a）真实静脉图像；（b）生成静脉图像；（c）合成静脉图像

章提出的静脉图像自适应融合方法可以通过网络学习来获得生成静脉图像和原始静脉图像的融合权值，进而可以提升静脉图像的融合效果，更好地减少生成静脉图像和原始静脉图像之间的分布偏差。

3. 全局-局部静脉深度特征学习网络的效果评估

在本节的实验设计过程中，静脉图像生成网络和静脉图像自适应融合网络为默认设置，主要是通过设置静脉深度特征学习网络是否含有局部特征学习模块，以全面地验证所提出全局-局部静脉深度特征学习网络的性能。在 3 个公开的手部静脉图像数据库上的实验结果如表 5-6 所示。由表 5-6 可知，相比只利用静脉全局深度特征学习方法，本章设计的全局-局部深度特征学习方法取得了最佳的识别结果，分别为 99.14%、98.81% 和 98.90%，进而表明本章提出的方法可以有效利用静脉深度全局特征和局部特征的优势，提高静脉深度特征的表征能力。

表 5-6　利用不同静脉深度特征学习方法取得的实验结果

深度特征学习方法	CRR/%		
	CUMT-HDV	CUMT-PV	PUT Palmvein
全局	99.05	98.52	98.74
全局-局部	99.14	98.81	98.90

5.2.3　对比实验设计与分析

本节在 3 个公开的静脉图像数据库上，以目前经典的或最新的基于手工特征和深度特征的静脉识别算法作为对比模型，构建对比实验来有效地评估所提出的基于合成静脉样本的手部静脉识别算法的性能。同时，将与第 3～5 章提出的手部静脉识别方法进行系统的分析与比较。在本节设计的对比实验中，CRR 和 EER 被用来作为模型性能的评价指标。

1. 基于手工特征的手部静脉识别算法对比实验评估

为了更全面地评估本章所提出模型的效果，本节在 3 个公开的手部静脉图像数据库上，选取静脉三枝叉点信息（TB）[15]、空间曲线滤波器（SCF）[18]、自适应学习的 Gabor 滤波器（ALGF）[19]、高判别局部二值模式（DLBP）[30]、局部特征匹配（LFM）[35]、基于锚点的图流形空间二值模式（AMBP）[93]、基于蚁群优化的多尺度局部二值模式（ACO-MSLBP）[31]和多尺度局部二值模式与二维主成分分析融合模型（MSLBP-PCA）[94]8 种基于手工特征的手部静脉识别模型作为对比算法，构建了静脉图像身份信息识别对比实验。

表5-7展示本章所提出的静脉识别模型和8种基于手工特征的静脉识别模型的实验结果。在 3 个公开的静脉图像数据库上，基于手工特征的静脉识别对比算法中，MSLBP-PCA 模型获得了最好的实验结果，分别为96.19%、95.71%、95.52%；而本章提出的基于合成静脉样本的手部静脉识别模型取得了最高的身份识别结果，分别为99.14%%、98.81%和98.90%，将身份识别的准确率提高了 2.95 个百分点、3.10 个百分点和 3.38 个百分点。因此，基于上述实验结果，进而证明所提出模型在静脉识别领域具有领先的性能。

表 5-7　基于手工特征的手部静脉识别模型的对比实验结果

方法	CRR/%		
	CUMT-HDV	CUMT-PV	PUT Palmvein
静脉三枝叉点信息	91.75	90.93	91.12
空间曲线滤波器	93.28	92.86	92.90
自适应学习的 Gabor 滤波器	93.94	93.88	93.84
高判别局部二值模式	95.67	95.11	94.96
局部特征匹配	94.81	94.24	94.45
基于锚点的图流形空间二值模式	95.34	94.91	94.67
基于蚁群优化的多尺度局部二值模式	95.77	95.30	95.04
多尺度局部二值模式和二维主成分分析融合模型	96.19	95.71	95.52
本章算法	99.14	98.81	98.90

表 5-8 显示了对比实验的 EER 结果，图 5-6、图 5-7 和图 5-8 描述了不同静脉识别方法的 ROC 曲线。从表 5-8 中可以得出，在 3 个公开的静脉图像数据库上，本章所提出的基于合成静脉样本的手部静脉识别模型取得了最低的 EER 值，分别为 0.26%、0.58%和 0.39%，进而可以证明本章所提出模型具有优异的效果。此外，由图 5-6～图 5-8 可知，相较于 8 种基于手工特征的手部静脉识别模型的 ROC 曲线，本章提出的基于静脉合成样本的手部静脉识别模型取得了较好的实验结果，进而表明了本章所提出模型的有效性。

表 5-8　基于手工特征的手部静脉识别模型的 EER 结果

方法	EER/%		
	CUMT-HDV	CUMT-PV	PUT Palmvein
静脉三枝叉点信息	2.97	3.80	1.78
空间曲线滤波器	2.59	3.06	1.32

续表

方法	EER/%		
	CUMT-HDV	CUMT-PV	PUT Palmvein
自适应学习的 Gabor 滤波器	2.44	2.92	1.27
高判别局部二值模式	1.85	2.47	1.13
局部特征匹配	2.11	2.86	1.20
基于锚点的图流形空间二值模式	1.96	2.55	1.18
基于蚁群优化的多尺度局部二值模式	1.80	2.33	1.11
多尺度局部二值模式和二维主成分分析融合模型	1.52	2.24	1.01
本章算法	0.26	0.58	0.39

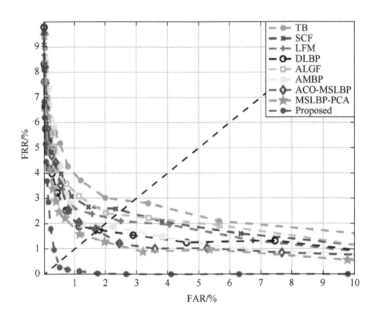

图 5-6　在 CUMT-HDV 数据库上不同基于手工特征的静脉识别模型的 ROC 曲线

2. 基于深度特征的手部静脉识别算法对比实验评估

为了更好地评估本章所提出的基于合成静脉样本的手部静脉识别方法的有效性，本节选取卷积神经网络（CNN）[76]、双通道卷积神经网络（TCCNN）[43]、结构生长引导的深度卷积神经网络（SGDCNN）[42]、先验知识引导的深度置信网络（DBN）[44]、高判别静脉识别模型（DVR）[40]、手指静脉识别和仿冒攻击统一网络（FVRAS-Net）[96]、多感受野双线性卷积神经网络（MRF-BCNN）[95]和联合注意力网络（JAN）[46]8 种基于深度特征的手部静脉识别模型作为对比算法，构建了静脉图像身份信息识别对比实验。

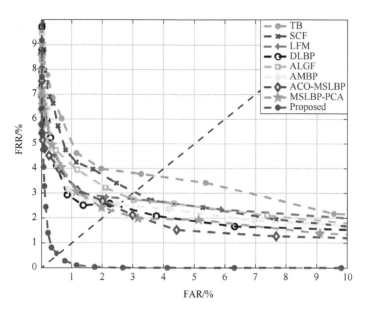

图 5-7   在 CUMT-PV 数据库上不同基于手工特征的静脉识别模型的 ROC 曲线

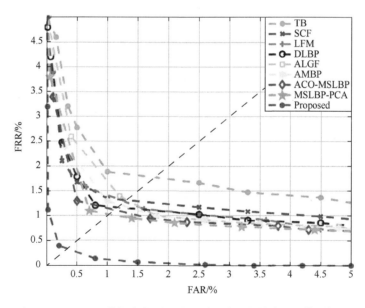

图 5-8   在 PUT Palmvein 数据库上不同基于手工特征的静脉识别模型的 ROC 曲线

表 5-9 显示了详细的身份识别实验结果。在 3 个公开的静脉图像数据库上，基于深度特征的手部静脉识别对比算法中，基于卷积神经网络的手部静脉识别模型获得了最低的识别率，分别为 88.05%、87.26% 和 87.16%；基于联合注意力网络的手部静

脉识别模型获取了最高的识别率，分别为 98.58%、98.21%和 98.30%；而本章提出的基于合成静脉样本的手部静脉识别模型取得的识别率分别为 99.14%、98.81%和 98.90%，则可以有效表明本章所提出的手部静脉识别模型具有优异的性能。

表 5-9　基于深度特征的手部静脉识别模型的实验结果

方法	CRR/%		
	CUMT-HDV	CUMT-PV	PUT Palmvein
卷积神经网络	88.05	87.26	87.16
结构生长引导的深度卷积神经网络	89.73	89.02	89.30
双通道卷积神经网络	96.16	95.32	95.45
先验知识引导的深度置信网络	96.40	95.80	95.95
高判别静脉识别模型	97.52	97.05	96.43
手指静脉识别和仿冒攻击统一网络	97.59	97.10	97.12
多感受野双线性卷积神经网络	98.27	97.75	97.90
联合注意力网络	98.58	98.21	98.30
本章算法	99.14	98.81	98.90

不同静脉识别对比模型取得的 EER 结果如表 5-10 所示，构建的 ROC 曲线如图 5-9～图 5-11 所示。由表 5-10 可知，在 3 个公开的静脉图像数据库上，本章所提出的基于合成静脉样本的手部静脉识别模型取得的 EER 值分别为 0.26%、0.58%和 0.39%，均低于其他 8 种基于深度特征的手部静脉识别模型的 EER 值。因此，上述实验结果可以表明本章所提出模型的性能优于其他 8 种主流的基于深度特征的手部静脉识别模型。此外，由图 5-9～图 5-11 可知，相较于 8 种基于深度特征的手部静脉识别模型的 ROC 曲线，本章提出的基于合成静脉样本的手部静脉识别模型取得了最好的实验结果，进而证明了所设计模型的有效性。

表 5-10　基于深度特征的手部静脉识别模型的 EER 结果

方法	EER/%		
	CUMT-HDV	CUMT-PV	PUT Palmvein
卷积神经网络	5.22	7.02	3.97
结构生长引导的深度卷积神经网络	4.28	5.98	2.57
双通道卷积神经网络	1.54	2.30	1.04
先验知识引导的深度置信网络	1.48	2.12	0.90
高判别静脉识别模型	0.92	1.29	0.84
手指静脉识别和仿冒攻击统一网络	0.88	1.25	0.65
多感受野双线性卷积神经网络	0.53	1.19	0.58
联合注意力网络	0.41	0.89	0.52
本章算法	0.26	0.58	0.39

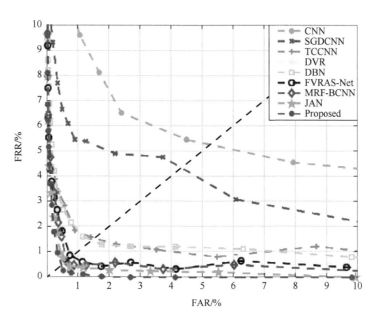

图 5-9　在 CUMT-HDV 数据库上不同基于深度特征的静脉识别模型的 ROC 曲线

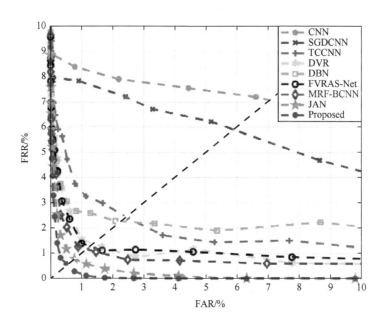

图 5-10　在 CUMT-PV 数据库上不同基于深度特征的静脉识别模型的 ROC 曲线

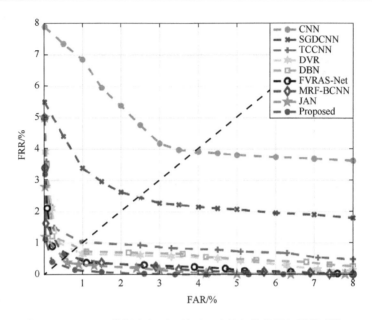

图 5-11　在 PUT Palmvein 数据库上不同基于深度特征的静脉识别模型的 ROC 曲线

5.3　本 章 小 结

　　为解决生成静脉样本和真实静脉样本间存在的领域偏移，导致深度卷积神经网络对于真实静脉图像特征表示能力不足的问题，本章设计了基于合成静脉样本的深度特征学习模型。首先，构建基于特征解耦学习的静脉生成模型，生成更加真实的静脉图像，实现静脉训练样本库的扩充；其次，提出静脉图像自适应融合网络，减少生成静脉样本和真实静脉样本之间的领域偏移，提高网络模型对于真实静脉样本的表示能力；最后，设计全局-局部静脉深度特征学习模块，进一步提升静脉深度表征学习网络对于静脉图像的特征表示能力，改善手部静脉识别模型的识别率。本章在 3 个公开的静脉图像数据库上，以 16 种最新或经典的基于手工特征和深度特征的手部静脉识别模型作为对比算法，以 CRR 和 EER 作为评估指标，构建了大量的对比实验来全面地评估所提出的基于合成静脉样本的手部静脉识别方法的性能。实验结果表明，在 3 个公开的静脉图像数据库上，相比 16 种静脉识别对比模型，本章提出的静脉深度特征学习模型均取得了优异的结果，进而可以充分证明所设计静脉识别算法的有效性。

第6章　基于非对称对比融合的手部 多模态生物特征识别

近年来，多模态生物特征识别技术因其高准确性和安全性而受到广泛关注。尽管现有方法已经取得了令人满意的性能，但大多数融合方法都是直接在特征级或输出级空间融合多模态信息[102-106]，如简单地通过通道连接输出特征，忽视了不同模态之间的相关性和互补性，导致融合的可靠性和泛化性较弱。为解决该问题，本章提出了一种基于非对称对比融合的多模态生物特征识别方法，称为ACF-Net。首先，提出一个注意力机制引导的特征融合模块（attention-guided feature fusion，AGFF），用于从卷积神经网络中融合掌纹特征和掌静脉特征。其次，为了进一步挖掘掌纹图像和掌静脉图像之间的判别性信息和互补信息，设计了一个非对称对比融合策略（asymmetric contrastive fusion strategy，ACFS），包含两个关键部分：实例级对比学习（instance-level contrastive learning，ILCL）和类别级对比学习（category-level contrastive learning，CLCL）。该方法通过结合 AGFF 和 ACFS，能够实现掌纹特征和掌静脉特征的深度融合，同时充分利用对比学习的优势，挖掘出更多有用的信息，进一步增强了多模态融合特征的判别能力。本章主要内容简介如下。

（1）提出了一种基于非对称对比融合的多模态生物特征识别方法，将监督学习和自监督学习集成到一个统一的框架中，并通过端到端的网络训练，得到用于识别的多模态融合特征。

（2）提出了一个由注意力机制引导的特征融合模块，能够根据通道和空间维度中不同模态的重要性动态地调整融合权重，从而充分融合掌纹图像和掌静脉图像之间的互补信息。

（3）设计了一个包含实例级对比学习和类别级对比学习的非对称对比融合策略，旨在挖掘掌纹图像和掌静脉图像之间的一致信息和互补信息，提高融合特征的鲁棒性与多样性。

6.1　基于非对称对比策略的多模态融合模型

本章提出了一种基于非对称对比策略的多模态融合模型，该模型结合了有监督和无监督的表征学习方法，更为灵活和充分地利用数据，从而减少任务相关信息的丢失。整体框架如图 6-1 所示，主要包括 3 个模块：特征提取模块、注意力机制引导的融合模块和非对称对比融合模块。

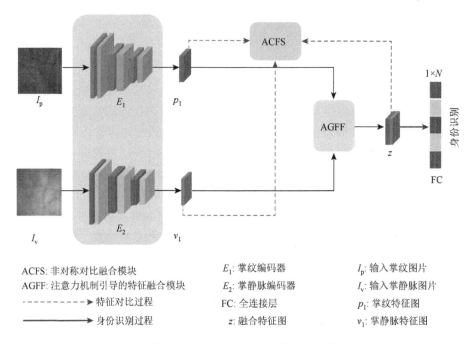

ACFS: 非对称对比融合模块　　　　　　　E_1: 掌纹编码器　　　　　　I_p: 输入掌纹图片

AGFF: 注意力机制引导的特征融合模块　　E_2: 掌静脉编码器　　　　　I_v: 输入掌静脉图片

------→ 特征对比过程　　　　　　　　　　FC: 全连接层　　　　　　　　p_1: 掌纹特征图

──────→ 身份识别过程　　　　　　　　　　z: 融合特征图　　　　　　　v_1: 掌静脉特征图

图 6-1　基于非对称对比策略的多模态融合模型图

6.1.1　网络架构

给定输入的掌纹图像 I_p 和掌静脉图像 I_v，首先使用掌纹编码器 E_1 和掌静脉编码器 E_2 分别提取每个模态的卷积特征，从而得到掌纹的卷积特征图 p_1 和掌静脉的卷积特征图 v_1，该过程如式（6-1）和式（6-2）所示：

$$p_1 = E_1(I_p; \theta_1) \tag{6-1}$$

$$v_1 = E_2(I_v; \theta_2) \tag{6-2}$$

式中，E_1 和 E_2 均为不包含全连接层的 VGG16 网络，且 E_1 和 E_2 的权重不共享，θ_1 和 θ_2 分别为 E_1 和 E_2 可学习的网络参数。

引入一个由注意力机制引导的融合模块。该融合模块能够通过通道维度重新校准特征向量，增强通道和空间维度之间的全局交互，并从每个通道层中提取重要的特征，以获得更丰富的特征表示[107]，融合模块如图 6-2 所示。

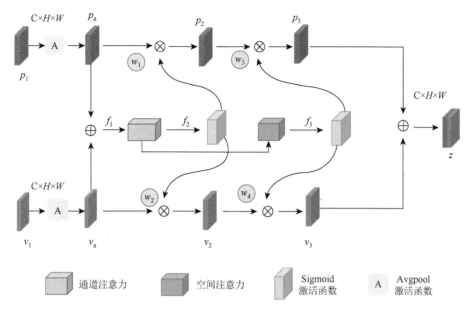

图 6-2　基于注意力机制引导的融合模块

首先，分别对输入的卷积特征图 p_1 和 v_1 进行自适应平均池化操作，得到深度卷积特征 p_a 和 v_a，然后将 p_a 和 v_a 逐元素相加后得到 f_1，该过程如式（6-3）所示：

$$f_1 = \mathrm{Add}(p_a, v_a) \tag{6-3}$$

式中，Add 为元素级别的求和操作。

接着，卷积特征 f_1 被输入通道注意力模块中得到 f_2，再经过 Sigmoid 激活函数生成两个权重 w_1 和 w_2。这两个权重分别与 p_a 和 v_a 相乘得到 p_2 和 v_2，该过程如式（6-4）~式（6-6）所示：

$$f_2 = f_1 * \sigma(\mathrm{ap}(f_1) + \mathrm{mp}(f_1)) \tag{6-4}$$

$$p_2 = w_1 * p_a, \quad w_1 \in (0,1) \tag{6-5}$$

$$v_2 = w_2 * v_a, \quad w_2 \in (0,1) \tag{6-6}$$

式中，σ 为 Sigmoid 函数；ap 为平均池化操作；mp 为最大池化操作。

然后，再次将卷积特征 f_1 输入空间注意力机制模块中得到 f_3，经过 Sigmoid 激活函数后得到两个权重 w_3 和 w_4。这两个权重 w_3 和 w_4 分别与 p_2 和 v_2 相乘，得到 p_3 和 v_3。上述过程如式（6-7）~式（6-9）所示。

$$f_3 = f_1 \times \sigma\big(\mathrm{Conv}(\mathrm{Concate}(\varepsilon(f_1) + \rho(f_1)))\big) \tag{6-7}$$

$$p_3 = w_3 \times p_2, \quad w_3 \in (0,1) \tag{6-8}$$

$$v_3 = w_4 \times v_2, \quad w_4 \in (0,1) \tag{6-9}$$

式中，ε 为沿通道维度的所有特征的平均值；ρ 为沿通道维度的所有特征的最大值。

最后，p_3和v_3被求和以获取最终融合的多模态卷积特征图 z，该过程如式(6-10)所示：

$$z = \text{Add}(p_3, v_3) \tag{6-10}$$

综上所述，模型最终输出融合后的卷积特征图 z，将 z 输入全连接层中，采用交叉熵损失函数 L_{CLS} 实现身份识别，表示如下：

$$L_{\text{CLS}} = -\sum_{i=1}^{k} y_i \cdot \log(q_i) \tag{6-11}$$

式中，q 为全连接层的分类预测结果；y 为标签信息。

6.1.2　非对称对比融合策略

如图 6-3 所示，本章设计一种非对称对比融合策略，主要由两个部分构成：类别级对比学习（CLCL）和实例级对比学习（ILCL）。

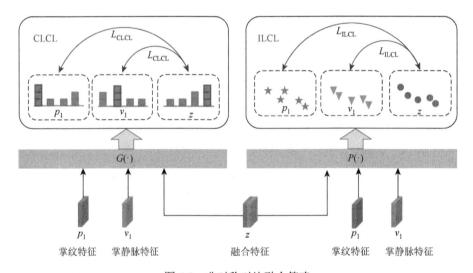

图 6-3　非对称对比融合策略

与以往的方法不同，实例级对比学习和类别级对比学习仅应用于单模态特征和多模态融合特征之间，而非直接应用于单模态特征之间。这一设计决策旨在避免在掌纹和掌静脉融合过程中，因直接最大化单模态表征之间的互信息而导致信息流控制不足的问题。否则，这可能引发模态特定信息的丢失，并忽略任务相关的关键信息，甚至可能引入模态特有的噪声。因此，选择在单模态特征和多模态融合特征之间进行对比学习，有助于更好地控制信息流，同时确保关键的任务相关信息得到保留，从而防止潜在的信息损失和模态特异性噪声的引入。

具体而言，ILCL 旨在将不同模态的特征映射到同一个空间，以便进行对比学习。ILCL 包含一个由全连接层组成的投影头，表示为 $P(\cdot)$，用于将特征映射到对比空间。这一映射使得不同模态的特征在共享空间中具备可比性，在固定多模态融合特征 z 的同时最大化了融合特征 z 与单模态的特定特征之间的互信息，进而使 ILCL 能够精准捕捉单模态特征间的相似性与差异性，保存单模态的特定信息。相比之下，CLCL 则包含一个全连接层与 Softmax 激活函数，表示为 $G(\cdot)$。该模块输出为 k 个类别的概率分布，其主要作用在于分析特征的概率分布，并着重对比概率分布中的最大值，从而强调对关键身份信息的关注，减少特征冗余。这种方法有助于捕捉不同模态特征间的身份一致性，进而提升融合特征的识别性能。

综上所述，ILCL 和 CLCL 两者的结合使用可以在不同层次上学习稳健的多模态特征，平衡模态的一致性和差异性，确保多模态融合结果保留了与任务相关的信息，从而增强了融合特征的判别性。

非对称对比融合策略的训练步骤如表 6-1 所示，下面将详细阐述网络的细节。

表 6-1　非对称对比融合策略的训练步骤

输入：掌纹的卷积特征图 p_1、掌静脉的卷积特征图 v_1、融合特征图 z

训练步骤：
步骤 1. 构建正样本对 (p_{1k}^i, z_k^i)、(v_{1k}^i, z_k^i) 和负样本对 (p_{1k}^j, z_k^i)、(v_{1k}^j, z_k^i)；
步骤 2. 特征输入投影头 $P(\cdot)$，得到映射特征 $P(z_i)$、$P(m_i^M)$，对于 m_i^M，其中 $M=1$ 表示 p_{1k}^i，$M=2$ 表示 v_{1k}^i，计算实例级的对比损失函数如式（6-12）所示；
步骤 3. 特征输入投影头 $G(\cdot)$，得到映射特征 $G(z_i)$、$G(m_i^M)$，对于 m_i^M，其中 $M=1$ 表示 p_{1k}^i，$M=2$ 表示 v_{1k}^i，计算类别级的对比损失函数如式（6-16）所示；
步骤 4. 计算总体损失函数如式（6-19）所示；
步骤 5. 更新投影头 $P(\cdot)$ 和 $G(\cdot)$ 中的参数最小化总体损失函数；
步骤 6. 返回融合特征图 z。

首先，为了确保网络训练的有效性，需要准备正样本和负样本，采用随机选择策略，从掌纹和掌静脉图像中提取样本对，包括属于相同类别和不同类别的样本对，保证正样本和负样本的数量相等。对于掌纹模态，生成正负样本对。在同一类别内构建卷积特征图的正样本对，表示为 (p_{1k}^i, z_k^i)。相反，对于不同类别的卷积特征图，构建负样本对，表示为 (p_{1k}^j, z_k^i)，其中 p_1 为掌纹的卷积特征图，z 为多模态融合的卷积特征图，i 和 j 为卷积特征图的不同类别，k 为样本索引。类似地，对于掌静脉模态，构建正负样本对。在同一类别内，生成卷积特征图的正样本对，表示为 (v_1^i, z_k^i)。对于不同类别的卷积特征图，生成负样本对，表示为 (v_{1k}^j, z_k^i)，其中 v_1 为掌静脉的卷积特征图，i 和 j 为卷积特征图的不同类别，k 为样本索引。

其次，建立了一个非对称对比模块，在单模态的输入阶段和多模态融合的输出阶段进行比较学习，主要包括 ILCL 和 CLCL。为了保护单一模态特征的内部结构，并增强多模态融合特征的区分能力，将所有正样本和负样本对输入 $P(\cdot)$ 中，构建 L_{ILCL} 来最大化单一模态的输入和多模态融合的输出之间的互信息。最小化损失函数，减小正样本之间的距离，并增加负样本之间的距离，目的是滤除与任务无关的模态特定随机噪声，确保任务相关信息的保留，并增强多模态融合特征的区分能力，公式表达式为

$$L_{\text{ILCL}} = \sum_{M=1}^{2}\Big(\text{Sim}_{\text{p}}\big(P(z_i),P(m_i^M)\big) - \text{Sim}_{\text{n}}\big(P(z_i),P(m_j^M)\big)\Big) \quad (6\text{-}12)$$

式中，$P(\cdot)$ 为实例级对比学习的操作；m_i^M、m_j^M 为单一模态的特征图，当 $M=1$ 时，对应于 p_1，当 $M=2$ 时，对应于 v_1。因此式（6-12）可以由式（6-13）和式（6-14）组成，表示为

$$\text{Sim}_{\text{p}}\big(P(z_i),P(m_i^M)\big) = \text{Sim}_{\text{p}}\big(P(z_i),P(p_{1k}^i)\big) + \text{Sim}_{\text{p}}\big(P(z_i),P(v_{1k}^i)\big) \quad (6\text{-}13)$$

$$\text{Sim}_{\text{n}}\big(P(z_i),P(m_j^M)\big) = \text{Sim}_{\text{n}}\big(P(z_i),P(p_{1k}^j)\big) + \text{Sim}_{\text{n}}\big(P(z_i),P(v_{1k}^j)\big) \quad (6\text{-}14)$$

式（6-13）表示正样本对之间的损失函数，而式（6-14）表示负样本对之间的损失函数。$\text{Sim}(a,b)$ 表示余弦相似度：

$$\text{Sim}(a,b) = \frac{a^{\text{T}}b}{\|a\|\cdot\|b\|} \quad (6\text{-}15)$$

式中，a 和 b 为特征向量；i 和 j 为卷积特征图的不同类别。

此外，为了同时在融合结果中保留尽可能多来自不同模态特征的不变内容，增强融合特征的区分能力，将正负样本对输入 $G(\cdot)$ 中，最小化损失函数 L_{CLCL}：

$$L_{\text{CLCL}} = \sum_{M=1}^{2}\Big(\text{Sim}_{\text{p}}\big(G(z_i),G(m_i^M)\big) - \text{Sim}_{\text{n}}\big(G(z_i),G(m_j^M)\big)\Big) \quad (6\text{-}16)$$

使单一模态输入特征和多模态融合特征之间的类别分布达到一致。式（6-16）可以由式（6-17）和式（6-18）组成，表示为

$$\text{Sim}_{\text{p}}\big(G(z_i),G(m_i^M)\big) = \text{Sim}_{\text{p}}\big(G(z_i),G(p_{1k}^i)\big) + \text{Sim}_{\text{p}}\big(G(z_i),G(v_{1k}^i)\big) \quad (6\text{-}17)$$

$$\text{Sim}_{\text{n}}\big(G(z_i),G(m_j^M)\big) = \text{Sim}_{\text{n}}\big(G(z_i),G(p_{1k}^j)\big) + \text{Sim}_{\text{n}}\big(G(z_i),G(v_{1k}^j)\big) \quad (6\text{-}18)$$

式中，m_i^M、m_j^M 为单一模态的特征图，当 $M=1$ 时，对应 p_1，当 $M=2$ 时，对应 v_1。

最后，构建整体的损失函数 L_{overall}，它由 L_{ILCL}、L_{CLCL} 和 L_{CLS} 组成，对模型进行端到端训练，L_{overall} 可以表述为

$$L_{overall} = \lambda_1 * L_{ILCL} + \lambda_2 * L_{CLCL} + L_{CLS} \tag{6-19}$$

式中，λ_1 和 λ_2 为平衡不同损失函数的超参数。

6.2　实验结果与分析

为了更充分地评估本章算法的识别效果，在两个公开的掌纹掌静脉多模态数据库和自建的掌纹掌静脉多模态数据库上构建了消融实验和对比实验。在消融实验中，分别对注意力机制引导的融合模块、类别级对比学习模块和实例级对比学习模块的效果进行了评估。在对比实验中，选择了 6 种主流的基于深度学习的多模态生物特征识别模型，包括 CSAFM[107]、FPV-Net[108]、SF-Net[109]、TC-Net[110]、TSCNNF[111] 和 MVCNN[112] 作为对比算法，以验证所提出模型的有效性。

6.2.1　实验设置

本章实验用 NVIDIA GeForce GTX 1050Ti GPU 进行，显存容量为 4GB，整体模型是在 PyTorch 框架下构建的，所用的框架 Python 版本为 3.7，PyTorch 版本为 1.8，CUDA 版本为 11.7。在网络训练阶段，采用了随机梯度下降（stochastic gradient descent，SGD）优化算法来优化网络模型，初始学习率设置为 0.001，权重衰减设置为 0.005，批次大小设置为 4，Dropout（丢弃率）设置为 0.5，经过尺寸归一化处理后，识别网络框架的输入图像分辨率为 224×224。λ_1 和 λ_2 分别设置为 0.001 和 0.03。在实验中，对两个公开数据库和自建数据库按照 1∶1 比例划分为训练集和测试集，实验数据分布如表 6-2 所示。

表 6-2　实验数据分布

数据库名称	类别	训练集数量/张	测试集数量/张	类内匹配次数	类间匹配次数
CASIA	200	1200	1200	600	119400
CUMT-HMD	290	2900	2900	1450	419050
Tongji	600	12000	12000	6000	3594000

6.2.2　消融实验

为了评估 AGFF、ILCL、CLCL 在 3 个手部多模态数据库上的有效性，设置了 5 种不同的网络变体，在 3 个不同数据库上的实验结果如表 6-3 所示。

表 6-3　3 个数据库上不同模块的 CRR 评估结果

	AGFF	ILCL	CLCL	CASIA	CUMT-HMD	Tongji
CRR/%				78.83	99.45	99.78
	√			95.00	99.79	99.83
	√	√		96.50	100.00	99.90
	√		√	96.17	100.00	100.00
	√	√	√	98.17	100.00	100.00

如表 6-3 所示，基础模型在 3 个数据库 CASIA、CUMT-HMD、Tongji 上的识别率分别为 78.83%、99.45% 和 99.78%。与基本模型相比，加入 AGFF 模块的识别模型在 3 个数据库上的识别率为 95.00%、99.79% 和 99.83%，分别提高了 16.17 个百分点、0.34 个百分点和 0.05 个百分点，尤其是在 CASIA 数据集上的提升效果最为显著，表明所提出的 AGFF 的有效性。

在此基础上，增添 ILCL 或 CLCL 模块的识别模型在 3 个数据库上的识别结果均得到了提升。在模型中添加 ILCL 和 CLCL 后，在 CASIA 数据库上的识别结果进一步提高了 3.17 个百分点。根据上述实验结果，可以表明所提出的 ILCL 和 CLCL 增强了模型的识别性能。

6.2.3　对比实验评估

为了充分评估所提 ACF-Net 的性能，在 3 个手部多模态数据库中设计了对比实验。在本章的对比实验中，包括 FPV-Net、CSAFM、SF-Net、TC-Net、TSCNNF 和 MVCNN 6 种基于卷积神经网络的最新多模态生物特征识别模型被选为比较方法，以验证所提出方法的有效性，不同融合方法的描述如表 6-4 所示。

表 6-4　不同融合方法的描述

方法	描述
FPV-Net	该方法不是简单地将特征进行拼接，而是结合浅层信息和深层信息进行多层特征的融合学习
CSAFM	通过利用模态间的互补信息来进行通道级和空间级注意力的融合
SF-Net	一种分数层融合的特征识别方法，根据特征信息动态调整融合权重
TC-Net	该方法对每个分支网络的倒数第二层整个连接层进行拼接，然后输入全连接层中实现身份识别
MVCNN	该方法使用注意力机制（SENet）挖掘图像之间的互补信息，并动态预测每个视图的融合权重
TSCNNF	通过对不同模态的匹配分数进行加权处理，以分数最高元素的索引作为融合识别的最终类别输出

　　不同多模态生物特征识别模型的识别结果如表 6-5 所示，与其他多模态生物特征识别模型相比，本章所提出的 ACF-Net 在 3 个数据库上均达到了最高的识别率，分别为 98.20%、100.00%和 100.00%。虽然有些方法在某个数据库上达到了与本章算法相同的识别准确度，但本章算法在 3 个数据库整体上的识别结果都是最好的。例如，TSCNNF 和 FPV-Net 方法在 CUMT-HMD 数据库的识别准确度与本章算法的识别准确度相同，但是在其他两个数据库中的识别准确度都比本章算法的要低，在 CASIA 数据库上这两个方法的识别准确度分别低 13.03 个百分点、4.20 个百分点，在 Tongji 数据库上这两个方法的识别准确度分别低 0.03 个百分点、0.09 个百分点。

表 6-5　不同方法在 3 个数据库上的 CRR 结果

方法	CRR/%		
	CASIA	CUMT-HMD	Tongji
FPV-Net	94.00	100.00	99.91
CSAFM	95.00	99.79	99.83
SF-Net	93.33	99.37	99.95
TC-Net	88.17	99.86	99.75
TSCNNF	85.17	100.00	99.97
MVCNN	78.50	99.72	99.95
本章算法	98.20	100.00	100.00

　　此外，为了更全面地评估所提出算法的效果，本章还进行了身份验证的实验。在测试阶段，利用训练阶段训练好的网络对两个模态的特征进行融合，将不同样本的融合特征进行一个相似度匹配，通过设置阈值来判断是否属于同一人，采用 EER 作为模型的评价指标，在 3 个数据库上的不同方法的对比实验结果如表 6-6 所示。此外，为了更直观地展示本章算法的显著效果，绘制了不同对比算法在 3 个数据库上的 ROC 曲线，如图 6-4~图 6-6 所示。

表 6-6　不同方法在 3 个数据库上的 EER 结果

方法	EER/%		
	CASIA	CUMT-HMD	Tongji
FPV-Net	2.34	0.22	0.75
CSAFM	2.24	0.30	0.81
SF-Net	2.54	0.62	0.65
TC-Net	4.71	0.29	1.11
TSCNNF	4.97	0.15	0.52
MVCNN	6.60	0.41	0.62
本章算法	0.95	0.07	0.28

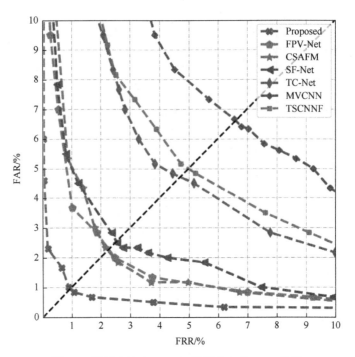

图 6-4　不同方法在 CASIA 数据库上的 ROC 曲线

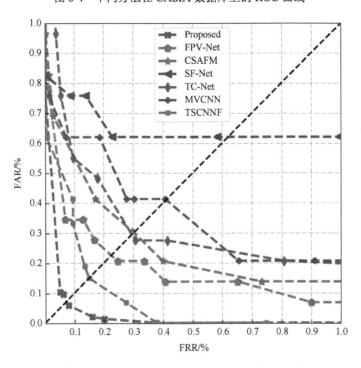

图 6-5　不同方法在 CUMT-HMD 数据库上的 ROC 曲线

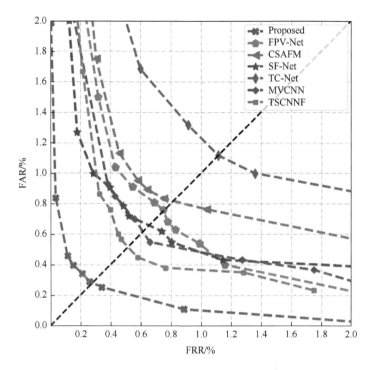

图 6-6　不同方法在 Tongji 数据库上的 ROC 曲线

从表 6-6 中可以看出，与其他 6 种多模态生物特征识别模型相比，所提出的 ACF-Net 得到的 EER 值是最低的，分别为 0.95%、0.07% 和 0.28%，其中在 CASIA 数据库上比最差的识别模型的等错误率降低了 5.65 个百分点，证明了所提方法的有效性。从图 6-4～图 6-6 中可以明显看出，所提出的 ACF-Net 实现了出色的性能。在两个公开的数据库和自建的数据库上，该方法均取得了最低的 EER。基于以上实验结果，不论是正确识别率还是等错误率，本章所提出的 ACF-Net 在两个公开的数据库和自建的数据库上均优于其他几种主流的多模态生物特征识别模型。

6.3　本章小结

传统的掌纹掌静脉融合方法大多关注融合结果，却忽略了从单模态特征输入到多模态融合结果输出的过程中任务相关信息的保留。针对此问题，本章提出了一种基于掌纹和掌静脉的非对称对比融合的多模态生物特征识别方法。在融合掌纹与掌静脉特征的过程中，为了深入挖掘两者之间的判别性信息和互补信息，设计了一个非对称对比融合策略。其主要包含两个关键部分：实例级对比学习和类别级对比学习。首先，通过实例级对比学习，致力于最大化单一模态特征与多模态特征之间的互信息，以保留特定模态的信息；其次，类别级对比学习旨在确保单一模态特征与多模态特征之间的身份一致性，从而减少多模态特征融合中的冗余信息。该方法通过在不同层次上优化模态特征融合的过程，使得融合特征更具有区分度和表征能力。

　　本章在两个公开的数据库和自建数据库上，以 6 种主流的多模态生物特征识别算法作为对比方法，以 CRR 和 EER 作为评估指标，进行了对比实验验证。实验结果表明，本章提出的模型在多模态生物特征识别任务中表现出显著优势，优于当前主流的多模态生物特征识别方法，成功提高了识别准确率和鲁棒性，证明了该模型在完成身份识别任务时的有效性和可靠性。

第 7 章　基于模态信息度评估的手部
多模态生物特征识别

目前关于多模态生物特征融合的研究往往基于一个理想化的假设，即各模态的质量和任务相关性始终保持不变。然而，以掌纹掌静脉识别技术为例，实际应用中图像质量往往受到多种因素的干扰，导致融合效果不尽如人意。图像质量是生物特征识别过程中的关键因素，它受到多种复杂因素的影响。其中，皮肤状态的好坏直接关系到图像纹理的清晰度和连续性；污垢程度则可能引入噪声，干扰特征的准确提取；光线条件对于图像的整体亮度和对比度有着显著影响；采集角度和姿态变化则可能导致图像变形或特征模糊。这些因素共同作用，可能导致低质量的图像产生，进而引发特征提取错误或无法提取到有效信息。更为关键的是，图像质量的变化还会导致不同特征的信息量产生差异。不同特征的信息量可能随样本变化而异，不同模态的信息量也会随样本差异而改变。这些挑战表明，目前的多模态融合方法在应对现实挑战和变化方面还存在着不足。

为了更好地推广多模态生物特征识别系统应用于实际场景中，本章提出了基于模态信息度评估策略的多模态生物特征识别方法，考虑到在实际应用中不同样本和模态质量的动态变化，使用真实类别对应的概率量化不同模态的类别置信度，并将其定义为模态的信息度。低类别置信度的模态具有较低的信息度，意味着其为身份信息识别提供的有用信息较少；而高类别置信度的模态具有较高的信息度。

本章的主要内容归纳如下。

（1）引入了信息度评估（information evaluation，IE）模块，旨在通过直接校准分类结果来获得置信度。采用基于置信度的模型来评估每个样本的不同模态信度，以衡量不同类别和模态间生物特征的相对重要性。

（2）提出了一种多模态动态融合策略，通过动态评估不同模态和样本的信息度，以自适应方式融合多模态生物特征信息。该策略能够有效降低模态特征中的噪声影响，并增强模型对模态特征质量动态变化的鲁棒性，从而实现多模态生物特征高效、自适应的融合。

本章后续内容的安排如下，在 7.1 节中将详细阐述本章提出的基于模态信息度评估策略的身份识别模型，对信息度评估模块和多模态动态融合模块进行了详细介绍；在 7.2 节中，分别构建了消融实验和对比实验，以评估本章算法的识别效果，随后对实验识别结果进行了分析；在 7.3 节中，对本章的内容进行了全面总结。

7.1　基于模态信息度评估的多模态动态融合模型

本章提出一种基于模态信息度评估的多模态动态融合模型，总体框架如图 7-1 所示，其核心由 3 个模块构成：特征提取模块、信息度评估模块和多模态动态融合模块。接下来将详细介绍各个模块的设计细节。

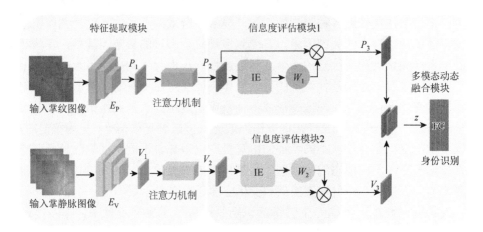

图 7-1　基于模态信息度评估的多模态动态融合模型框架图

7.1.1　网络框架

针对传统特征提取方法中存在受人的主观因素影响和泛用性较差的问题，本章针对掌纹和掌静脉两个模态，采取以下步骤获得高判别性的深度卷积特征：

利用不含全连接层的 VGG16 网络作为特征提取器，去除其最后一层分类器，分别获得掌纹图像的卷积特征图 P_1 和掌静脉图像的卷积特征图 V_1，公式如下：

$$P_1 = E_P(I_P, \theta_1) \tag{7-1}$$

$$V_1 = E_V(I_V, \theta_2) \tag{7-2}$$

式中，E_P 和 E_V 分别为掌纹和掌静脉两个模态的特征提取器；I_P 为输入的掌纹图像；I_V 为输入的掌静脉图像；θ_1、θ_2 分别为两个特征提取器的权重参数，两个模态的特征提取器参数不共享，因此每个模态特征不受其他模态的影响。

预先训练的卷积神经网络提取的卷积特征图在掌纹掌静脉识别任务中可能包含噪声和干扰信息，直接将卷积特征图用作特征表示并不能获得良好的性能，可能会导致特征冗余和过拟合等问题。为此，本章引入了卷积块注意力模块（convolutional block attention module，CBAM）进行特征增强[113]，如图 7-2 所示。CBAM 的具体过程如下。

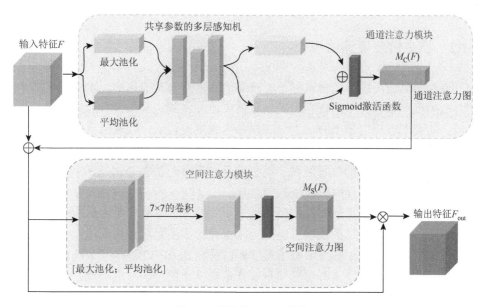

图 7-2　卷积块注意力模块

首先，输入的特征 F 首先进行最大池化和平均池化操作，分别聚合其空间信息，获得了两个 C 维的特征图。随后，这两个特征图通过共享参数的多层感知机处理，输出了两个 $1 \times 1 \times C$ 的通道注意力图。再将两个注意力图相加激活，最终得到通道注意力图 $M_\mathrm{C}(F)$：

$$M_\mathrm{C}(F) = \sigma\big(\mathrm{FC}(\mathrm{AvgPool}(F)) + \mathrm{FC}(\mathrm{MaxPool}(F))\big) \tag{7-3}$$

式中，FC 为全连接层；σ 为 Sigmoid 激活函数。Sigmoid 函数是一种常用的激活函数，它能够将任意输入压缩至（0,1）区间内。特别地，当输入接近 0 时，Sigmoid 函数的输出近似线性变化。

按照上述步骤，在通道维度对输入的特征图进行最大池化和平均池化操作，再将两张生成的特征图进行维度拼接，最后得到了空间注意力图 $M_\mathrm{S}(F)$，它是通过一个大小为 7×7 的卷积核来生成的，如式（7-4）所示：

$$M_\mathrm{S}(F) = \sigma\Big(f^{7\times7}\big((\mathrm{AvgPool}(F); \mathrm{MaxPool}(F))\big)\Big) \tag{7-4}$$

式中，$f^{7\times7}$ 为卷积核大小为 7×7 的卷积运算。最终，得到增强之后的特征图 F_out，如式（7-5）所示：

$$F_{\text{out}} = F \oplus M_{\text{C}}(F) \otimes M_{\text{S}}(F) \tag{7-5}$$

最后，为了能够更好地筛选和强化卷积特征图，分别将掌纹图像的卷积特征图 P_1 和掌静脉图像的卷积特征图 V_1 输入 CBAM 中进行特征增强，得到增强的掌纹的卷积特征图 P_2 和掌静脉的卷积特征图 V_2。

7.1.2　模态信息度评估模块

鉴于实际应用中不同样本和不同模态的质量是动态变化的，本章采用真实类别对应的概率来量化不同模态的类别置信度，并将其定义为模态的信息度。当某一模态的类别置信度较低时，对应的模态信息度也较低，则表示该模态能够为身份信息识别提供的有用信息量较少。反之，当模态的类别置信度较高时，其信息度也较高。不同样本的信息度在多模态融合过程中的动态变化是一个重要问题，可以为模型的融合过程提供额外的信息量。

在获取了两个模态的特征图后，为了更好地评估掌纹和掌静脉两个模态特征的信息度，以实现可靠的多模态融合，本章设计了信息度评估模块，分别构建了掌纹信息度评估模块 1 和掌静脉信息度评估模块 2，图 7-3 展示了掌纹的信息度评估模块 1 的结构框图，掌静脉的信息度评估模块 2 的结构与之类似，下面将详细介绍信息度评估模块的网络细节。

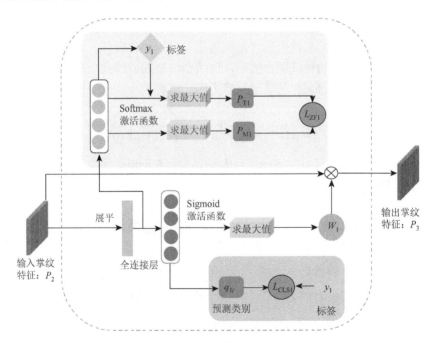

图 7-3　掌纹的信息度评估模块

信息度评估模块 1 和信息度评估模块 2 可视为两个概率模型，将式（7-1）中得到的掌纹图像的卷积特征图 P_2 和式（7-2）中得到的掌静脉图像的卷积特征图 V_2 分别输入信息度评估模块 1 和信息度评估模块 2 中，输出掌纹图像的卷积特征图 P_2 的最大类预测概率 W_1 和掌静脉图像的卷积特征图 V_2 的最大类预测概率 W_2，如式（7-6）和式（7-7）所示：

$$W_1 = \text{Max}(\sigma(\text{MLP}_1(P_2))) \tag{7-6}$$

$$W_2 = \text{Max}(\sigma(\text{MLP}_2(V_2))) \tag{7-7}$$

式中，$W_1 \in (0,1)$；$W_2 \in (0,1)$；σ 为 Sigmoid 激活函数。每个模态的最大概率对应为类别置信度，代表每个模态在身份识别任务中的重要性。

其次，本章定义了最大类预测概率是模态对预测的置信度，定义模型的预测类别分布和真实类别分布之间的相似性损失 L_1：

$$L_1 = L_{\text{CLS1}} + L_{\text{CLS2}} \tag{7-8}$$

其主要思路在于训练模型，将输出模态特征的最大类预测概率作为类别置信度，损失函数的公式如式（7-9）和式（7-10）所示：

$$L_{\text{CLS1}} = -\sum_{i=1}^{k} y_{1i}\log(q_{1i}) \tag{7-9}$$

$$L_{\text{CLS2}} = -\sum_{i=1}^{k} y_{2i}\log(q_{2i}) \tag{7-10}$$

式中，q_{1i} 为掌静脉图像的卷积特征图 P_2 的预测概率分布；q_{2i} 为掌静脉图像的卷积特征图 V_2 的预测概率分布；y_{1i} 为掌静脉图像的卷积特征图 P_2 的真实类别标签；y_{2i} 为掌静脉图像的卷积特征图 V_2 的真实类别标签；k 为类别数；i 为类别。

通过上述步骤，可以量化不同模态的类别置信度，帮助模型更好地理解和评估特征的信息度，从而更可靠地进行多模态融合。利用模态信息度评估模型来预测样本的类别分布时，对于预测正确的样本，最大类预测概率等同于真实类别对应的概率，这可以有效地反映模态类别的置信度。

虽然类别置信度在分类任务上是有效的，但是在错误预测的情况下，最大类预测概率则反映了模型过度自信，特别是对于错误的预测。为了获得更可靠的分类置信度，采用真类概率（P_T）。与最大类概率（P_M）使用最大 Softmax 的输出作为置信度不同，P_T 使用真实标签对应的 Softmax 输出概率作为置信度。真实类别对应的概率相对于最大类别预测概率更可靠地反映了模态类别的置信度。对于正确分类的样本，P_T 等价于 P_M。此时，P_T 和 P_M 都是最大的 Softmax 输出，可以很好地反映分类置信度。但是在分类错误时，P_T 比 P_M 更能反映分类情况。本章采用真实类别对应的概率可以获得更为可靠的模态类别置信度，用以衡量不同类别和不同模态生物特征的重要性。

虽然 P_T 可以获得更为可靠的置信度，但由于标签信息的需要，不能直接在测试阶段使用。因此，本章设计了置信度一致性损失函数。

其主要思路是使得信息度评估模块输出的类别最大概率和真实类别对应概率保持一致，由于 $P_T \in (0,1)$，所以在神经网络的最后一层使用 Sigmoid 激活函数，并使用 L_{ZFM} 来训练置信神经网络，使 P_T 逼近 P_M，损失函数如式（7-11）所示：

$$L_{ZFM} = \sum_{m=1}^{2} y_{2i}(Z^m - F^m)^2 \tag{7-11}$$

式中，Z^m 为掌纹模态和掌静脉模态对应值之和；F^m 为掌纹模态和掌静脉模态对应值。其计算公式如式（7-12）和式（7-13）所示：

$$Z^m = \sum_{m=1}^{2} \sum_{k=1}^{K} y_{mk} P_{Tm} \tag{7-12}$$

$$F^m = \sum_{m=1}^{2} \sum_{k=1}^{K} y_{mk} P_{Mm} \tag{7-13}$$

式中，m 为模态数；P_{T1} 为掌纹图像的真实类别对应的概率；P_{T2} 为掌静脉图像的真实类别对应的概率；y_{m1} 为掌纹图像的标签；y_{m2} 为掌静脉图像的标签；k 为类别数。对于式（7-13）中的 P_{Mm}，P_{M1}、P_{M2} 分别为两个模态最大类别对应的预测概率，即分类器对预测的置信度：

$$P_{M1} = \text{Max}(\sigma'(\text{MLP}_1(P_2))) \tag{7-14}$$

$$P_{M2} = \text{Max}(\sigma'(\text{MLP}_2(V_2))) \tag{7-15}$$

式中，σ' 为 Softmax 激活函数，通过指数化神经元输出，并对其进行归一化，将输出转换为介于 0 和 1 之间的值，并确保所有类别的概率之和为 1。具体而言，对于给定的神经元输出向量 $x = [x_1, x_2, \cdots, x_j]$，Softmax 函数将每个元素 x_j 转换为介于 0 和 1 之间的概率 $p(x_j)$：

$$p(x_j) = \frac{\exp(x_j)}{\sum_{j=1}^{n} \exp(x_j)} \tag{7-16}$$

式中，$\exp(x_j)$ 为指数函数；$\sum_{j=1}^{n} \exp(x_j)$ 为所有类别指数化输出的总和。Softmax 函数将神经网络的输出经过转换后，呈现出一种概率分布的形式，使得每个输出值都代表了一个特定类别的概率，输出值越大的类别，其对应的概率会更高，更接近 1。

最终，模型通过最小化 L_{ZFM}，无限逼近最大类别概率和标签对应的概率，使信息度评估网络能够更准确地估计不同模态样本的信息度，从而提高多模态融合的可靠性。

基于以上步骤，模型在测试的时候也可以利用真实标签对应的概率来量化不同模态样本的信息度，从而更好地利用多模态融合过程中不同样本的信息度的动态变化问题，更好地衡量不同类别和不同模态生物特征的重要性，从而提高多模态融合的可靠性。

7.1.3　多模态动态融合模块

传统的融合方法采用固定权重的方式，这种方法假设所有样本的模态质量是稳定的。然而，在实际应用中，不同模态和不同样本的质量往往存在差异，因此需要使模型能够适应这种动态变化的情况。为了在模态质量动态变化时获得更加稳定的融合特征表示，使模型能够进行动态的自适应融合，基于 7.1.2 节，模型评估掌纹和掌静脉两个模态特征的信息度，得到 W_1、W_2。

首先，在融合过程中，将 W_1 作为样本权重与掌纹图像的卷积特征图 P_2 相乘得到 P_3，将 W_2 作为样本权重与掌静脉图像的卷积特征图 V_2 相乘得到 V_3，其过程的公式为

$$P_3 = W_1 P_2 \tag{7-17}$$
$$V_3 = W_2 V_2 \tag{7-18}$$

通过动态评估不同模态和样本的信息度，以自适应方式融合多生物特征信息。该策略能够有效降低特征信息中的噪声影响，并增强模型对特征质量动态变化的鲁棒性，从而实现多模态生物特征高效、自适应融合。

随后，将掌纹图像的卷积特征图 P_3 和掌静脉图像的卷积特征图 V_3 进行级联，最终，输出卷积特征图 z，如式（7-19）所示：

$$z = \text{Concate}\big[P_3, V_3\big] \tag{7-19}$$

式中，$\text{Concate}[\cdot]$ 为级联操作。这一方法充分考虑了不同模态和样本的信息度，使高信息度的模态对最终的特征表示具有更大的贡献，从而提高了多模态融合的可靠性。

接着，将卷积特征图 z 展开输入全连接层中，输出身份识别结果。构建损失函数 L_{CLS} 来训练识别模型，损失函数的公式如式（7-20）所示：

$$L_{\text{CLS}} = -\sum_{i=1}^{k} y_i \log(q_i) \tag{7-20}$$

式中，q_i 为卷积特征图 z 输入全连接层后输出的预测分类结果；y_i 为多模态卷积特征图 z 的真实类别标签。

最后，构建总体损失函数 L，用于训练整体网络模型，确保模型具有模态特征质量动态变化的鲁棒性，并充分利用不同模态之间的互补信息，从而实现多模态生物特征的动态自适应融合，公式如式（7-21）所示：

$$L = \lambda_1 L_1 + \lambda_2 L_{\text{ZFM}} + \lambda_3 L_{\text{CLS}} \tag{7-21}$$

式中，λ_1、λ_2、λ_3 为平衡各损失函数的超参数。

7.2　实验结果与分析

为了对所提出的模型进行更全面的评估，本章在两个公开数据库和自建数据库上构建了消融实验和对比实验。在消融实验中，评估了本章提出的模态信息度评估模块的效果。在对比实验中，选择了 6 种主流的基于深度学习的多模态生物特征识别模型，包括 CSAFM[107]、FPV-Net[108]、SF-Net[109]、TC-Net[110]、TSCNNF[111] 和 MVCNN[112] 作为对比算法，以证明所提出模型的有效性。

7.2.1　实验设置

本章采用 PyTorch 深度学习框架搭建所提出的模型，并利用 NVIDIA GeForce GTX 1050 Ti GPU 显卡进行加速计算，采用 Python 编程语言和 PyTorch 框架语言搭建网络框架进行相关实验。在深度神经网络训练时，所用的框架 Python 版本为 3.7，PyTorch 版本为 1.8，Cuda 版本为 11.7，显存容量为 4GB。网络模型的初始学习率为 0.001，权重衰减设置为 0.005，优化器为 SGD，批次大小设置为 4；经过尺寸归一化处理后，识别网络框架的输入图像分辨率为 224×224。λ_1、λ_2、λ_3 为平衡各损失函数的超参数，分别设置为 0.5、0.5、1。

7.2.2　消融实验

本节为了全面而有效地评估信息度评估模块（IE）的效果，在两个公开的数据库以及自建数据库上进行了消融实验。在实验过程中，采用 CRR 作为主要评价指标，来评估信息度评估模块的效果。具体实验过程阐述如下。

首先，在本章设计的框架中，通过添加或减去模块，来验证该模块的有效性；其次，本节选用了特征级联和特征相加两种经典的融合方法作为基本融合模块，通过添加或减去 IE 模块，来评估其对掌纹掌静脉特征识别模型的效果，在 3 个数据库上的实验结果如表 7-1 所示。

表 7-1　消融实验结果

方法	CRR/%		
	CASIA	CUMT-HMD	Tongji
Concate	78.83	99.45	99.78
Concate + IE	84.00	99.93	99.90

方法	CRR/%		
	CASIA	CUMT-HMD	Tongji
Add	92.70	99.45	99.60
Add+IE	96.80	100.00	99.98
Attention	94.50	100.00	99.92
Attention+IE	99.00	100.00	99.97

　　如表 7-1 所示,针对识别模型的性能改进,在基准模型(Concate、Add、Attention)的基础上引入了 IE 模块。实验结果显示,在 CASIA 数据库中,经过引入 IE 模块后,识别准确度分别提升了 5.17 个百分点、4.10 个百分点和 4.50 个百分点;在 CUMT-HMD 数据库中,经过引入 IE 模块后,识别准确度分别提高了 0.48 个百分点、0.55 个百分点和 0;在 Tongji 数据库中,经过引入 IE 模块后,识别准确度分别提高了 0.12 个百分点、0.38 个百分点和 0.05 个百分点。

　　在 3 个数据库上,添加了 IE 模块的掌纹掌静脉特征识别模型的正确识别率均优于未使用 IE 模块的掌纹掌静脉特征识别模型的正确识别率。上述结果表明,本章提出的 IE 模块可以有效地提升掌纹掌静脉特征识别模型的性能,在 3 个数据库上,添加了 IE 模块的识别模型在正确识别率方面超越了未使用 IE 模块的识别模型。这些结果明确表明,所提出的信息度评估模块有效地提升了身份信息识别的结果,并在很大程度上改善了模型的性能。

7.2.3　对比实验评估

　　为了评估本章算法的有效性,本章选取了 6 种近几年比较主流的基于卷积神经网络的多模态生物特征识别算法作为对比模型,在 3 个掌纹掌静脉数据库上进行了广泛的对比实验。这些对比实验包括 6 个基于卷积神经网络的最新多模态生物特征识别模型:CSAFM、FPV-Net、SF-Net、TC-Net、TSCNNF 和 MVCNN 被选为对比算法,用以验证提出方法的有效性,不同方法在 3 个数据库上的 CRR 识别结果如表 7-2 所示。

表 7-2　不同方法在 3 个数据库上的 CRR 实验结果

方法	CRR/%		
	CASIA	CUMT-HMD	Tongji
FPV-Net	94.00	100.00	99.91
CSAFM	95.00	99.79	99.83

方法	CRR/%		
	CASIA	CUMT-HMD	Tongji
SF-Net	93.33	99.37	99.95
TC-Net	88.17	99.86	99.75
MVCNN	78.50	99.72	99.95
TSCNNF	85.17	100.00	99.97
本章算法	99.00	100.00	99.97

从表 7-2 中可以看出，其他 6 种对比算法的 CRR 相对较低，例如，在 CASIA 数据库上，其他 6 种对比算法的身份识别率分别为 94.00%、95.00%、93.33%、88.17%、78.50% 和 85.17%，而本章算法在 3 个数据库上的 CRR 分别达到了 99.00%、100.00%、99.97%，远高于其他 6 种方法。从表 7-2 中可以明显看出，本章所提出的方法在 3 个数据库上均取得了最高的身份识别率。这表明该算法能够有效地融合多模态生物特征信息，显著提升了模型的身份识别精度。

此外，为了更全面地评估所提出算法的效果，本章还进行了身份验证的实验。其中，不同对比算法在 3 个数据库上的 EER 结果如表 7-3 所示，ROC 曲线如图 7-4～图 7-6 所示。

表 7-3　不同方法在 3 个数据库上的 EER 结果

方法	EER/%		
	CASIA	CUMT-HMD	Tongji
FPV-Net	2.34	0.22	0.75
CSAFM	2.24	0.30	0.81
SF-Net	2.54	0.62	0.65
TC-Net	4.71	0.29	1.11
MVCNN	6.60	0.41	0.62
TSCNNF	4.97	0.15	0.52
本章算法	1.34	0.09	0.26

由上述实验结果可知，与其他两个图像质量较高的数据库相比，在 CASIA 数据库中，其他 6 种对比算法表现出相对较高的 EER，分别为 2.34%、2.24%、2.54%、4.71%、6.60% 和 4.97%。而本章算法取得最低的 EER，仅为 1.34%。

此外，尽管在某些数据库上，本章算法与其他算法表现相近。例如，FPV-Net 方法在 CUMT-HMD 数据库上与本章算法的正确识别率相同。但是，值得注意的是，

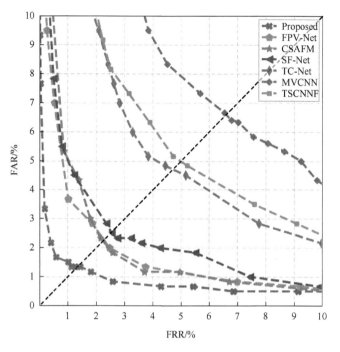

图 7-4　不同方法在 CASIA 数据库上的 ROC 曲线

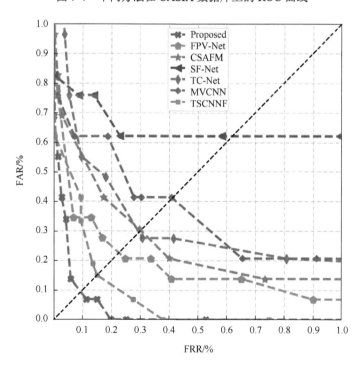

图 7-5　不同方法在 CUMT-HMD 数据库上的 ROC 曲线

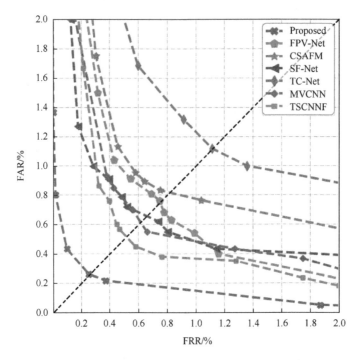

图 7-6　不同方法在 Tongji 数据库上的 ROC 曲线

在 CASIA 和 Tongji 数据库上，FPV-Net 方法的正确识别率都低于本章算法，分别降低了 5.00 个百分点和 0.06 个百分点。同样，TSCNNF 方法在 CUMT-HMD 和 Tongji 数据库上取得了与本章算法相同的正确识别率，但在 CASIA 数据库上的正确识别率下降了 3.83 个百分点。这表明 TSCNNF 方法在 CASIA 数据库上的性能较差，可能是由于融合过程未能准确捕获各个模型或来源之间的关联性或相关性。这种情况可能导致重要信息的丢失或混淆，从而降低了整体性能。相比之下，本章所提的方法在 3 个数据库上都取得了最高的正确识别率，这也说明了本章算法的有效性和泛化能力。

7.3　本章小结

本章针对传统多模态生物特征识别方法中模态信息融合不充分的问题，提出了一种基于模态信息度的多模态生物特征识别方法。该方法能够自适应地融合不同模态的信息。在 3 个数据库上进行了对比实验，实验结果验证了本章算法的有效性。特别是在 CASIA 数据库中，在正确识别率和等错误率方面都取得了显著的优势。这种性能优势主要得益于本章算法利用真实类别概率评估不同模态的信息，并通过动态融合机制有效地削减了无关信息的影响，从而取得了最优的实验效果。

第 8 章　基于共享-特定特征解耦的模态缺失下的手部多模态生物特征识别

在第 6 章和第 7 章中，深入剖析了当前多模态生物特征融合方法存在的局限性，并针对性地提出了基于非对称对比融合的多模态生物特征识别方法以及基于模态信息度评估策略的多模态生物特征识别方法，这两种方法通过巧妙设计融合策略，有效整合不同模态的信息，显著提升了识别率。然而，值得注意的是，目前多模态生物特征识别研究都是基于模态完整性的假设，即利用来自不同模态的互补属性来描述共同概念。尽管多模态融合方法表现出良好的识别效果，但它要求"多个"模态必须完整存在。

然而，在实际应用场景中模态缺失的情况十分普遍[114-116]。模态缺失不仅会导致识别性能下降，还可能对识别系统的准确性和鲁棒性造成严重影响。以掌纹与掌静脉识别为例，当掌纹信息由于遮挡或采集困难而缺失时，模型将不得不依赖掌静脉信息进行识别；同样，如果掌静脉信息不足或完全丢失，模型则只能依赖掌纹信息。这种单一模态的依赖使得多模态融合变得困难，模型在面对多变的识别任务时可能无法做出准确预测。因此，模态缺失问题成为多模态生物特征识别领域亟待解决的问题。

尽管现有的多模态缺失解决方法已在其他领域取得令人满意的性能，但多模态生物特征识别领域还未有模态缺失方面的研究工作。现有方法在多模态生物特征识别领域的适用性受到限制，主要由于生物特征（如掌纹、掌静脉等数据）之间通常存在限制，而且不同模态之间存在较大的差异，这些因素都是当前研究所面临的挑战之一。

多模态生物特征识别任务中的模态缺失问题亟待解决。恢复缺失模态是一项艰巨的任务。目前模态缺失解决方法主要分为生成式和非生成式两种。生成式方法[117-120]借助生成对抗网络（GAN）进行跨模态数据的生成，然而这类方法对图像的质量高度依赖，容易引入噪声。尽管现有的生成式方法中，尝试在神经网络和学习系统上进行数据转换以生成缺失数据，但由于需要大量的训练数据和训练过程中的不稳定性，性能受到限制；非生成式方法主要基于表征学习，旨在获取模态的共享不变特征，但这些方法忽略了单模态的特征信息[121-124]。当某个模态缺失时，多模态的表征能力会受到影响[125,126]。此外，现有方法通常通过多模态融合来增强特征表示。然而，直接固定的融合方法存在一个问题，即丢失了特定模态的信息，无法适应缺失的情况。因此，在处理模态缺失时，需要更灵活的多模态融合方法，以保留每个模态的重要信息，并确保对缺失模态的适应性。特别地，在解决生物特征识别领域下的模态缺失问题时，需要考虑特定数据特征和模态之间的差异，以提高方法的适用性和性能。

为了解决上述这些问题，本章提出了基于共享-特定特征解耦的模态缺失下的多模态生物特征识别方法。针对测试集下模态信息缺失下的多模态鲁棒表征学习问题，利用模态特定信息和模态共享信息，实现了缺失模态的信息重建，使得模型即使在模态缺失的情况下也能进行识别，并取得较高的识别率。本章的主要内容简介如下。

（1）针对模态缺失问题，构建了模态共享特征和模态特定特征解耦网络，设计模态间身份一致性损失函数和模态间三元对比损失函数，实现不同模态共享特征和特定特征的自适应分离。

（2）构建跨模态特征重建模块，设计模态内身份一致性损失函数，利用已有模态的特定信息生成缺失模态的特定信息；利用已有模态的共享信息作为缺失的共享信息，在深度卷积神经网络的帮助下学习了模态共同的特征信息，这对于减少模态间差异和生成不变量具有重要意义；最后在特征空间实现任意模态缺失下的多模态生物特征的鲁棒表征。

8.1　基于特征解耦的模态缺失下的多模态融合模型

由于使用了不同的光谱范围进行拍摄，掌纹（可见光图像）与掌静脉（近红外图像）在视觉上呈现出显著的差异，特征信息差异较大。然而，现有的多模态缺失解决方法在处理这两种模态时，缺乏对模态特定信息和模态共享信息的综合考虑，仅仅依赖于生成模型的准确度往往表现较差。考虑到掌纹和掌静脉虽然是跨模态异构图像，但它们具有相同的身份信息。因此，本章设计了一种基于特征解耦的模态缺失下的多模态融合模型。该模型利用已有模态的特定信息生成缺失模态的特定信息，同时利用已有模态的共享信息作为缺失的共享信息，从而实现缺失模态的特征重建。接下来将介绍模型的设计细节。

8.1.1　网络框架

针对测试集下模态信息缺失下的多模态鲁棒表征学习问题，本章提出了基于特征解耦的模态缺失下的多模态融合模型，整体框架如图 8-1 所示。该模型主要由 3 个部分组成：特征提取模块、共享-特定特征解耦模块和跨模态特征重建模块。此外，本章设计了 3 个特定任务的损失函数。其中，图 8-1（a）为模态内的身份一致性损失函数，图 8-1（b）为模态间的身份一致性损失函数，图 8-1（c）为三元损失函数。

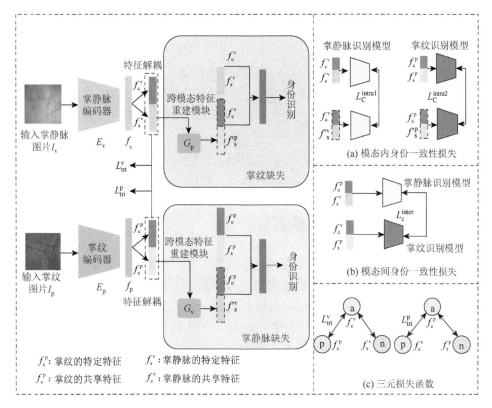

图 8-1　基于特征解耦的模态缺失下的多模态融合模型整体框架

首先，将掌纹图像 I_p 和掌静脉图像 I_v 输入编码器 E_p 和编码器 E_v 中，得到两个模态的特征 f_p、f_v：

$$f_p = E_p(I_p) \tag{8-1}$$

$$f_v = E_v(I_v) \tag{8-2}$$

式中，编码器 E_p 和编码器 E_v 为在 ImageNet 上训练的 VGG16 网络，并去除其最后一层分类器；f_p 为掌纹图像的卷积特征图；f_v 为掌静脉图像的卷积特征图。

随后，将 f_p 和 f_v 分别输入共享-特定特征解耦网络，经过解耦操作分别获得模态特定特征和模态共享特征。其中，掌纹的模态特定特征和模态共享特征表示为 f_s^p 和 f_c^p，掌静脉的模态特定特征和模态共享特征表示为 f_s^v 和 f_c^v。

最后，要对缺失模态进行特征重建。以掌纹缺失为例，掌静脉与其类似。模型利用已有掌静脉的特定特征 f_s^v 去生成掌纹的特定特征 $f_s'^p$，然后与掌静脉的共享特征 $f_c'^v$ 融合，得到缺失掌纹的重建特征 f_p'：

$$f_p' = \text{Concate}\left[f_s'^p, f_c'^v\right] \qquad (8\text{-}3)$$

将掌静脉的特征 f_v 与掌纹的重建特征 f_p' 进行融合，得到融合特征 z，输入全连接层进行身份识别：

$$L_{\text{CLS}}^1 = -\sum y * \log\left(y^{\text{pre1}}\right) \qquad (8\text{-}4)$$

将掌纹的特征 f_p 和掌静脉的特征 f_v 进行融合，得到融合特征 z'，输入全连接层进行身份识别，损失函数 L_{CLS}^2 如式（8-5）所示：

$$L_{\text{CLS}}^2 = -\sum y * \log\left(y^{\text{pre2}}\right) \qquad (8\text{-}5)$$

式中，y^{pre1} 为融合特征 z 输入全连接层后的预测类别；y^{pre2} 为融合特征 z' 输入全连接层后的预测类别；y 为标签。

8.1.2　共享-特定特征解耦模块

模态特定特征包含了每个模态独有的信息，捕捉到生物特征中与模态相关的独特特性。因此，不同模态的特征能够相互补充。而模态共享特征包含了两个模态共同的信息，反映了两种生物特征之间的通用模式或共享特性。在进行多模态融合时，可能会面临冗余性和互补性的问题，无法避免地导致相似特征在不同模态之间的重叠，从而带来信息冗余。在此背景下，需要综合考虑如何更有效地利用模态特定和模态共享的特征，以达到更全面、准确的生物特征识别。

综上所述，本章设计了一个共享-特定特征解耦模块。首先，对掌纹和掌静脉进行特征解耦，以获取模态特定特征和模态共享特征。以掌纹为例，将维度为 512 的掌纹特征 f_p 输入特征解耦网络中，得到维度为 256 的模态共享特征 f_c^p 和维度为 256 的模态特定特征 f_s^p：

$$f_c^p = E_c^p(f_p, \theta_1) \qquad (8\text{-}6)$$

$$f_s^p = E_s^p(f_p, \theta_2) \qquad (8\text{-}7)$$

式中，E_c^p 为掌纹的共享特征编码器；E_s^p 为掌纹的特定特征编码器；θ_1、θ_2 分别为编码器 E_c^p、E_s^p 的模型参数。同理，对于掌静脉特征的解耦原理也类似：

$$f_c^v = E_c^v(f_v, \theta_3) \qquad (8\text{-}8)$$

$$f_s^v = E_s^v(f_v, \theta_4) \qquad (8\text{-}9)$$

式中，E_c^v 为掌静脉的共享特征编码器；E_s^v 为掌静脉的特定特征编码器；θ_3、θ_4 分别为编码器 E_c^v 和编码器 E_s^v 的模型参数。

其次，设计了一个模态间三元对比损失函数，将两个模态的共享特征拉近，将模态内的共享特征和特定特征拉远，来约束解耦的掌纹特征和掌静脉特征，实现不同模态共享特征和特定特征的自适应解耦。其核心思路是以某一模态的共享特征为锚样本（anchor）及特定特征为负样本（negative），剩余模态的共享特征为正样本（positive），如图 8-1（c）所示，模态间三元对比损失函数的公式可表示为

$$L_{\text{tri}}^{\text{p}} = \text{Max}\left(d\left(f_{\text{c}}^{\text{p}}, f_{\text{c}}^{\text{v}}\right) - d\left(f_{\text{c}}^{\text{p}}, f_{\text{s}}^{\text{p}}\right) + m, 0\right) \tag{8-10}$$

$$L_{\text{tri}}^{\text{v}} = \text{Max}\left(d\left(f_{\text{c}}^{\text{p}}, f_{\text{c}}^{\text{v}}\right) - d\left(f_{\text{c}}^{\text{v}}, f_{\text{s}}^{\text{v}}\right) + m, 0\right) \tag{8-11}$$

式中，f_{c}^{v}、f_{s}^{v} 分别为掌静脉的共享特征和特定特征；f_{c}^{p}、f_{s}^{p} 分别为掌纹的共享特征和特定特征。

该损失函数的目标是拉近两个模态的共享特征，同时拉远模态内的共享特征和特定特征之间的距离。

接着，为进一步提升模态特定特征和模态共享特征的解耦效果，本章设计了模态间身份一致性损失函数 $L_{\text{C}}^{\text{Inter}}$，如图 8-1（b）所示，如式（8-12）所示：

$$L_{\text{C}}^{\text{Inter}} = \sum \left| x_1^{\text{p}} - x_2^{\text{v}} \right| \tag{8-12}$$

式中，x_1^{p} 为 f_1^{p} 的身份识别结果；x_2^{v} 为 f_2^{v} 的身份识别结果；f_1^{p} 为与掌静脉交换共享特征后掌纹特征；f_2^{v} 为掌纹交换共享特征后的掌静脉特征，如式（8-13）和式（8-14）所示：

$$f_1^{\text{p}} = \text{Concate}\left[f_{\text{s}}^{\text{p}}, f_{\text{c}}^{\text{v}}\right] \tag{8-13}$$

$$f_2^{\text{v}} = \text{Concate}\left[f_{\text{s}}^{\text{v}}, f_{\text{c}}^{\text{p}}\right] \tag{8-14}$$

最后，本章利用解耦的特征作为下一步跨模态生成的基础，有助于更好地利用多模态信息，减少冗余性，并突出每个模态的特定特征，有助于提升识别性能。

8.1.3　跨模态特征重建模块

尽管掌静脉图像（近红外图像）和掌纹图像（可见光图像）在成像方式上有所不同，但它们仍共享着形状、结构和拓扑关系等相似的语义信息，这些特征由不同的模态所共享。本章设计了一个跨模态特征重建模块，主要包含两个部分：编码器和解码器。网络参数的详细信息如表 8-1 所示。

表 8-1　基于编码器-解码器的跨模态特征重建模块

网络层名称		输入通道数	输出通道数
编码器	Linear	256	128
	ReLU	128	128

网络层名称		输入通道数	输出通道数
编码器	Linear	128	64
	ReLU	64	64
解码器	Linear	64	128
	ReLU	128	128
	Linear	128	256
	ReLU	256	256

编码器旨在将高维数据压缩成低维隐变量，以便神经网络捕获关键信息；而解码器则是将这些隐变量重新扩展为初始的高维数据形式。两者配合，实现了数据的有效压缩与还原：

$$X \to h \to x' \tag{8-15}$$

在理想情况下，解码器的输出应能准确或近似地重现原始输入，实现数据的精准还原，即

$$X \approx x' \tag{8-16}$$

考虑到掌纹的缺失情况，以已有的掌静脉特定特征 f_s^v 作为输入，通过跨模态特征重建模块生成缺失的掌纹特定特征 $f_s'^p$：

$$f_s'^p = G_p\left(f_s^v, \theta_p\right) \tag{8-17}$$

式中，G_p 为掌纹的跨模态特征重建网络；θ_p 为训练参数。

然后，利用掌纹的特定特征 $f_s'^p$ 与真实掌纹的特定特征 f_s^p 来构建平均绝对误差损失，有监督地训练重建网络。类似地，掌静脉的跨模态特征重建网络为 G_v。损失函数 L_G 如式（8-18）和式（8-19）所示：

$$L_G^p = \sum \left| f_s^p - f_s'^p \right| \tag{8-18}$$

$$L_G^v = \sum \left| f_s^v - f_s'^v \right| \tag{8-19}$$

式中，L_G^p 为重建网络 G_p 的损失函数；L_G^v 为重建网络 G_v 的损失函数。

此外，掌纹和掌静脉之间存在较大的模态差异性，使得跨模态生成任务极具挑战性。为了提高跨模态特征重建模块的训练效果，增强变换后的模态特征的判别性，本章构建了模态内身份一致性损失函数 L_C^{Intra}。

对于掌纹模态，模态内的身份一致性损失函数 L_C^{Intra1} 如式（8-20）～式（8-22）所示：

$$L_C^{\text{Intra1}} = \sum \left| x_1^{\text{hp}} - x_2^{\text{hp}} \right| \tag{8-20}$$

$$f_1^{\text{hp}} = \text{Concate}\left[f_s^p, f_c^p \right] \tag{8-21}$$

$$f_2^{\mathrm{hp}} = \mathrm{Concate}\left[f_s'^{\mathrm{p}}, f_c^{\mathrm{p}} \right] \tag{8-22}$$

式中，f_1^{hp} 为原始掌纹特征；f_2^{hp} 为掌纹的共享特征 f_c^{p} 与生成的掌纹特定特征 $f_s'^{\mathrm{p}}$ 融合得到的特征；x_1^{hp} 为 f_1^{hp} 的身份识别结果；x_2^{hp} 为 f_2^{hp} 的身份识别结果。

对于掌静脉模态，模态内的身份一致性损失函数 $L_{\mathrm{C}}^{\mathrm{Intra2}}$ 如式（8-23）～式（8-25）所示：

$$L_{\mathrm{C}}^{\mathrm{Intra2}} = \sum \left| x_1^{\mathrm{hv}} - x_2^{\mathrm{hv}} \right| \tag{8-23}$$

$$f_1^{\mathrm{hv}} = \mathrm{Concate}\left[f_s^{\mathrm{v}}, f_c^{\mathrm{v}} \right] \tag{8-24}$$

$$f_2^{\mathrm{hv}} = \mathrm{Concate}\left[f_s'^{\mathrm{v}}, f_c^{\mathrm{v}} \right] \tag{8-25}$$

式中，f_1^{hv} 为原始掌静脉特征；f_2^{hv} 为生成的掌静脉特定特征 $f_s'^{\mathrm{v}}$ 与掌静脉的共享特征 f_c^{v} 融合得到的特征；x_1^{hv} 为 f_1^{hv} 的身份识别结果；x_2^{hv} 为 f_2^{hv} 的身份识别结果。

综上所述，整个网络模型的最终损失函数 L 为

$$L = \lambda_1 L_{\mathrm{G}} + \lambda_2 L_{\mathrm{CLS}}^1 + \lambda_3 L_{\mathrm{CLS}}^2 + \lambda_4 \left(L_{\mathrm{tri}}^{\mathrm{p}} + L_{\mathrm{tri}}^{\mathrm{v}} \right) + \lambda_5 \left(L_{\mathrm{C}}^{\mathrm{Intra}} + L_{\mathrm{C}}^{\mathrm{Inter}} \right) \tag{8-26}$$

式中，λ_1、λ_2、λ_3、λ_4 和 λ_5 为训练损失函数的超参数。

8.2　实验结果与分析

为了更全面地评估所提模型的识别效果，本章在两个公开数据库和自建数据库上构建了消融实验和对比实验。在消融实验中，首先，对不同模块的损失函数的效果进行评估；然后，评估模型的识别效果随缺失率的变化情况，进一步验证所提模型的有效性。在对比实验中，选择 4 种最新的多模态缺失模型，包括 IMVCSAF[127]、ShaSpecNet[128]、DVMAN[129]、DENet[130]作为对比算法，分析本章模型与其他 4 种模型的识别效果随缺失率的变化情况。

8.2.1　实验设置

本章算法使用 PyTorch 深度学习框架在 NVIDIA GeForce RTX 2080 Super GPU 主机上搭建网络框架进行相关实验。采用 Python3.7 作为编程框架，并利用 CUDA10.0 来支持 GPU 加速计算。PyTorch 版本为 1.12，GPU 型号为 TU104-450，显存容量为 8GB。训练网络的初始学习率为 0.0001，权重衰减设置为 0.005，优化策略选择 Momentum，使用 SGD 优化算法，批次大小设置为 4，Dropout 设置为 0.5。在实验中，使用正确识别率作为模型评价指标。

对于模态缺失任务，本章关注的是更一般的场景，在测试过程中每个数据样本的每个模态都有机会丢失，将缺失率 $\eta\%$ 定义为模态不完全数据占整个数据集的比例。在掌纹掌静脉识别模型中，如图 8-2 所示，有 3 种可能的模态缺失情况，缺失率为 $\eta\%$ 的掌纹表示仅存在 $(1-\eta)\%$ 掌纹数据和掌静脉完整数据，缺失率为 $\eta\%$ 的掌静脉表示仅存在 $(1-\eta)\%$ 掌静脉数据和掌纹完整数据。

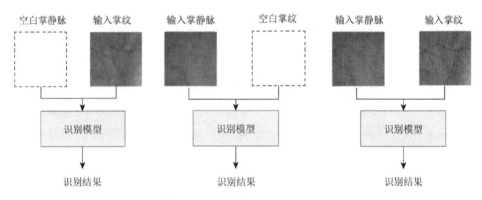

图 8-2   基于模态缺失的身份识别模型

8.2.2   消融实验

在本章的消融实验中，模型分别在 CASIA、CUMT-HMD 和 Tongji 3 个数据库上进行非特定缺失率的训练，即对模型只进行一次训练。然后，分别在 3 个数据库上对模型在不同缺失率下的识别准确度进行评估。

1. 各个模块的效果评估

针对在 3 个多模态数据上各个模块中不同损失函数的效果评估，设置了 4 种不同的网络变体：不加任何模块的基础模型、添加跨模态特征重建模块、添加模态间三元对比损失函数、添加模态内-模态间身份一致性损失函数。实验中将缺失率设置为 100%，即样本完全缺失。实验结果如表 8-2 和表 8-3 所示，其中表 8-2 为掌纹缺失下的模型识别结果，表 8-3 为掌静脉缺失下的模型识别结果。

表 8-2   掌纹完全缺失情况下的消融实验

L_C^{Inter}	L_C^{Inter}	L_G^p	L_{tri}	CRR/%		
				CASIA	CUMT-HMD	Tongji
				24.80	65.50	38.08
		√		66.83	96.68	96.80

续表

L_C^{Inter}	L_C^{Inter}	L_G^{p}	L_{tri}	CRR/%		
				CASIA	CUMT-HMD	Tongji
		√	√	82.20	98.82	98.48
√	√	√	√	83.50	99.24	99.23

如表 8-2 所示，在掌纹完全缺失的情况下，基础模型在 3 个数据库上的识别准确度分别为 24.80%、65.50%和 38.08%，正确识别率较低；在添加跨模态特征重建模块后，在 3 个数据库上的准确度分别提高了 42.03 个百分点、31.18 个百分点和 58.72 个百分点；在添加模态间三元对比损失后，在 3 个数据库上的准确度分别提升了 15.37 个百分点、2.14 个百分点和 1.68 个百分点；在添加模态内-模态间身份一致性损失函数后，最终在 3 个数据库上的识别准确度分别为 83.50%、99.24%和 99.23%，正确识别率得到了很大的提升，表明了本章提出方法的有效性。

表 8-3　掌静脉完全缺失情况下的消融实验

L_C^{Intra}	L_C^{Inter}	L_G^{v}	L_{tri}	CRR/%		
				CASIA	CUMT-HMD	Tongji
				45.70	51.86	66.30
	√			66.50	89.31	97.86
	√		√	72.67	98.82	98.51
√	√	√	√	84.17	99.45	99.88

如表 8-3 所述，在掌静脉完全缺失的情况下，基础模型在 3 个数据库上的识别准确度分别为 45.70%、51.86%和 66.30%，正确识别率较低；在添加跨模态特征重建模块后，在 3 个数据库上的正确识别率分别提高了 20.8 个百分点、37.45 个百分点和 31.56 个百分点；在添加模态间三元对比损失函数后，分别提升了 6.17 个百分点、9.51 个百分点和 0.65 个百分点；在添加模态内-模态间身份一致性损失函数后，最终在 3 个数据库上的正确识别率分别为 84.17%、99.45%和 99.88%，正确识别率得到了很大的提升，再次表明本章提出方法的有效性。

2. 不同掌纹缺失率下的识别结果

为了更全面地评估所提模型的识别性能，针对掌纹的缺失情况，在不同缺失率下对本章模型和基础模型的识别效果进行了评估。具体地，将掌纹缺失率分别设置为 10%、20%、50%、80%、100%来形成完整的缺失模态子数据集，实验结果如表 8-4 所示。

表 8-4　不同掌纹缺失率下的 CRR 结果

缺失率 η	CRR/%					
	CASIA		CUMT-HMD		Tongji	
	基础模型	本章模型	基础模型	本章模型	基础模型	本章模型
10%	78.17	87.67	96.24	99.31	93.52	99.25
20%	55.83	87.33	90.27	99.38	71.03	99.25
50%	49.33	86.17	80.23	99.38	66.90	99.25
80%	27.67	85.50	72.11	99.31	42.97	99.30
100%	24.80	83.50	65.50	99.24	38.08	99.23

从表 8-4 中的实验结果可以看出，在缺失率为 10%时，本章模型对比基础模型在 3 个数据库上的识别结果分别提高了 9.50 个百分点、3.07 个百分点和 5.73 个百分点。在缺失率为 20%时，在 3 个数据库上的识别结果分别提高了 31.50 个百分点、9.11 个百分点和 28.22 个百分点。在缺失率为 50%时，在 3 个数据库上的识别结果分别提高了 36.84 个百分点、19.15 个百分点和 32.35 个百分点。在缺失率为 80%时，在 3 个数据库上的识别结果分别提高了 57.83 个百分点、27.20 个百分点和 56.33 个百分点。在缺失率为 100%时，在 3 个数据库上的识别结果分别提高了 58.70 个百分点、33.74 个百分点和 61.15 个百分点。本章提出的模型在不同缺失率下表现相对稳定，对比基础模型具有更高的识别准确度。

3. 不同掌静脉缺失率下的识别结果

针对掌静脉的缺失情况，在不同缺失率下对本章模型和基础模型的识别效果进行了评估。同样将其缺失率分别设置为 10%、20%、50%、80%、100%来形成完整的缺失模态子数据集，实验结果如表 8-5 所示。

表 8-5　不同掌静脉缺失率下的 CRR 结果

缺失率 η	CRR/%					
	CASIA		CUMT-HMD		Tongji	
	基础模型	本章模型	基础模型	本章模型	基础模型	本章模型
10%	81.33	86.50	95.31	99.52	97.50	99.95
20%	59.67	85.83	90.14	99.59	77.15	99.95
50%	64.50	85.83	79.31	99.59	66.37	99.95
80%	43.67	84.33	61.79	99.51	61.37	99.95
100%	45.70	84.17	51.86	99.45	66.30	99.88

从表 8-5 中的实验结果可以看出，在缺失率为 10%时，本章模型对比基础模型在 3 个数据库上的识别结果分别提高了 5.17 个百分点、4.21 个百分点和 2.45 个百分点。在缺失率为 20%时，在 3 个数据库上的识别结果分别提高了 26.16 个百分点、9.45 个百分点和 22.80 个百分点。在缺失率为 50%时，在 3 个数据库上的识别结果分别提高了 21.33 个百分点、20.28 个百分点和 33.58 个百分点。在缺失率为 80%时，在 3 个数据库上的识别结果分别提高了 40.66 个百分点、37.72 个百分点和 38.58 个百分点。在缺失率为 100%时，在 3 个数据库上的识别结果分别提高了 38.47 个百分点、47.59 个百分点和 33.58 个百分点。本章提出的模型在不同缺失率下表现相对稳定，对比基础模型具有更高的识别准确度。

本章模型在 CASIA 数据库上，无论是掌纹缺失还是掌静脉缺失，模型在缺失率为 10%时的准确度最高，在缺失率为 100%时准确度最低，表明模态缺失的确导致了模型性能的下降。其中，在 CUMT-HMD 和 Tongji 两个数据库上的最低识别准确度都超过了 99.00%，这表明了本章算法的有效性。值得注意的是，在 CUMT-HMD 和 Tongji 这两个数据库上识别准确度并没有随着缺失率增加而一直下降，这种趋势并不呈现线性下降，即缺失率越高，性能下降幅度并不一定越大，这也表明了本章提出的算法对于模态缺失的处理起到了一定的作用。此外，由于 CASIA 数据库下的样本量较少且质量较差，所以准确度受缺失率的影响较大。在掌纹缺失时，模型在缺失率为 100%时的准确度比缺失率为 10%时下降了 4.17 个百分点。在掌静脉缺失时，模型在缺失率为 100%时的准确度比缺失率为 10%时下降了 2.33 个百分点，随着缺失率的增加，在 CASIA 数据库下的识别准确度是下降的，但下降幅度并没有很大。

8.2.3　对比实验评估

为了充分评估本章算法的性能，在 3 个多模态数据库上设计了广泛的对比实验，在对比实验中，包括 4 种基于模态缺失的多模态融合方法。下面详细阐述这 4 种方法。①IMVCSAF：采用最大互信息挖掘不同模态之间的一致性信息，并通过注意力机制模块对特征进行了有效融合。②ShaSpecNet：通过学习共享和特定的特征来更好地表示输入数据，从而在训练和测试期间利用所有可用的输入模态。③DVMAN：利用对偶变分自编码器网络来生成共享表示，并进一步重构缺失的模态信息。④DENet：设计了动态增强模块，根据缺失状态自适应地动态增强模态特征，改善多模态表示。

1. 不同掌纹缺失率下的对比实验

针对掌纹的缺失情况，不同方法在 3 个公开数据库上的正确识别率分别如

表 8-6～表 8-8 所示。不同方法在不同缺失率下的对比图分别如图 8-3～图 8-5 所示。

表 8-6　CASIA 数据库上不同掌纹缺失率下的方法对比结果

方法	CRR/%				
	10%	20%	50%	80%	100%
IMVCSAF	60.00	57.50	53.50	43.00	41.50
ShaSpecNet	83.33	76.83	56.67	48.33	24.33
DVMAN	70.50	64.67	50.67	39.33	23.33
DENet	78.00	69.17	54.83	48.67	30.67
本章算法	87.67	87.33	86.17	85.50	83.50

表 8-7　CUMT-HMD 数据库上不同掌纹缺失率下的方法对比结果

方法	CRR/%				
	10%	20%	50%	80%	100%
IMVCSAF	98.17	96.14	94.97	94.14	93.17
ShaSpecNet	98.34	96.41	91.86	85.04	80.69
DVMAN	90.48	82.28	56.90	36.90	23.79
DENet	89.31	79.79	50.28	32.07	22.76
本章算法	99.31	99.38	99.38	99.31	99.24

表 8-8　Tongji 数据库上不同掌纹缺失率下的方法对比结果

方法	CRR/%				
	10%	20%	50%	80%	100%
IMVCSAF	87.33	86.67	85.83	84.83	83.33
ShaSpecNet	93.00	86.82	70.82	54.67	44.17
DVMAN	91.00	82.83	58.17	42.83	36.33
DENet	90.00	80.00	53.00	42.17	30.17
本章算法	99.25	99.25	99.25	99.30	99.23

与其他方法对比，本章算法在 5 种不同缺失率下的正确识别率都是最高的。其中，在识别效果最差的 CASIA 数据库上不同缺失率下本章算法分别取得了 87.67%、87.33%、86.17%、85.50%和 83.50%的正确识别率，在识别效果最优的

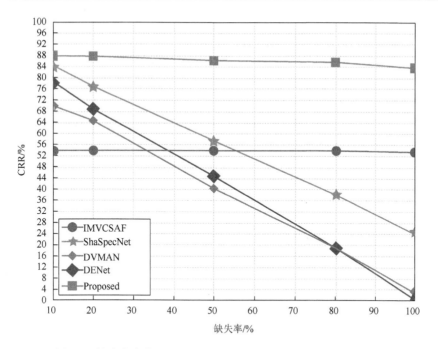

图 8-3 缺失率变化对不同方法在 CASIA 数据库上识别率的影响

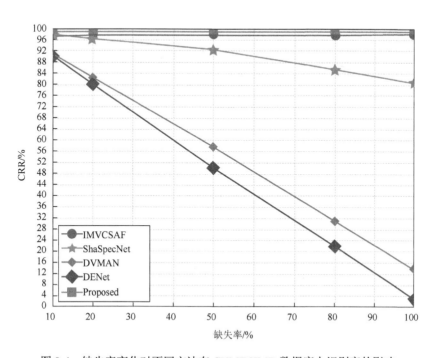

图 8-4 缺失率变化对不同方法在 CUMT-HMD 数据库上识别率的影响

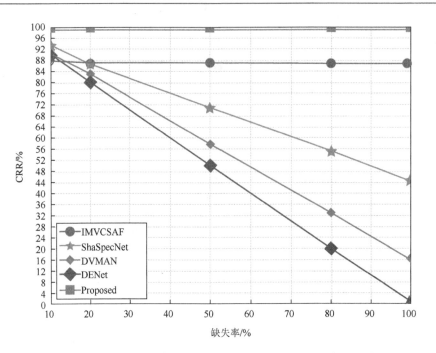

图 8-5　缺失率变化对不同方法在 Tongji 数据库上识别率的影响

CUMT-HMD 数据库上分别取得 99.31%、99.38%、99.38%、99.31%和 99.24%的
正确识别率。本章模型在不同缺失率下的变化比较稳定，在 3 个数据库上的任意
缺失率下的准确度都是最高的，证明了本章算法的有效性。

　2. 不同掌静脉缺失率下的对比实验

　　针对掌静脉的缺失情况，不同方法在 3 个数据库上的正确识别率分别如表 8-9~
表 8-11 所示。不同方法在不同缺失率下的对比图分别如图 8-6~图 8-8 所示。

表 8-9　CASIA 数据库上不同掌静脉缺失率下的方法对比结果

方法	CRR/%				
	10%	20%	50%	80%	100%
IMVCSAF	63.83	63.50	63.17	60.83	60.00
ShaSpecNet	84.50	82.83	74.50	68.50	61.83
DVMAN	73.67	66.00	46.50	31.67	27.33
DENet	76.33	69.00	54.33	43.00	31.83
本章算法	86.50	85.83	85.83	84.33	84.17

表 8-10　CUMT-HMD 数据库上不同掌静脉缺失率下的方法对比结果

方法	CRR/%				
	10%	20%	50%	80%	100%
IMVCSAF	99.38	99.31	99.03	98.62	98.28
ShaSpecNet	93.17	85.66	65.24	50.07	44.90
DVMAN	94.21	87.10	67.52	46.41	32.55
DENet	89.86	79.93	50.76	41.38	31.93
本章算法	99.52	99.59	99.59	99.51	99.45

表 8-11　Tongji 数据库上不同掌静脉缺失率下的方法对比结果

方法	CRR/%				
	10%	20%	50%	80%	100%
IMVCSAF	89.17	88.83	87.33	85.83	80.67
ShaSpecNet	99.33	98.33	94.50	90.33	87.50
DVMAN	93.50	88.33	69.50	51.33	40.33
DENet	89.17	79.17	59.67	49.83	30.17
本章算法	99.95	99.95	99.95	99.95	99.88

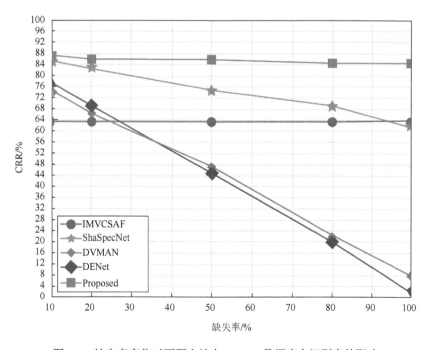

图 8-6　缺失率变化对不同方法在 CASIA 数据库上识别率的影响

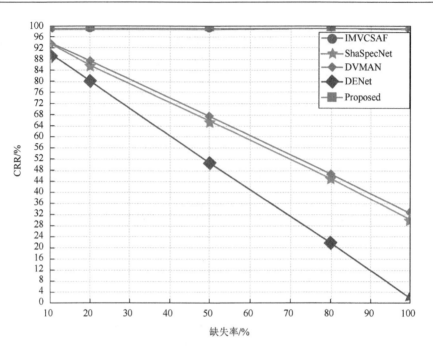

图 8-7　缺失率变化对不同方法在 CUMT-HMD 数据库上识别率的影响

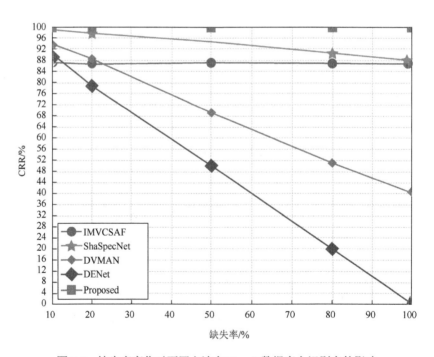

图 8-8　缺失率变化对不同方法在 Tongji 数据库上识别率的影响

与其他算法对比，本章算法在 5 种不同缺失率下的正确识别率都是最高的。其中，在识别效果最差的 CASIA 数据库上不同缺失率下本章算法分别取得了 86.50%、85.83%、85.83%、84.33%和 84.17%的正确识别率，在识别效果最优的 Tongji 数据库上分别取得了 99.95%、99.95%、99.95%、99.95%和 99.88%的正确识别率。本章模型在不同缺失率下的变化比较稳定，在 3 个数据库上的任意缺失率下的准确度都是最高的，证明了本章算法的有效性。

8.3 本 章 小 结

针对模态缺失问题，本章提出了一种基于共享-特定特征解耦的模态缺失下的多模态生物特征识别模型，具体而言，构建模态共享-特定特征解耦框架，设计模态间身份一致性损失函数和模态间三元对比损失函数，实现不同模态共享特征和特定特征的自适应解耦；构建跨模态特征变换网络，设计模态内身份一致性损失函数，在特征空间实现任意模态缺失下的多模态生物特征的鲁棒表征。

即使在模态缺失的情况下，该模型也能够进行生物特征识别，并取得较高的识别率。在 3 个公开的掌纹掌静脉多模态数据库上，所提方法与其他多模态缺失模型相比取得了较好的实验结果。

参 考 文 献

[1] 张丽萍，李卫军，宁欣，等. 一种基于 2DHOL 特征与（2D）2FPCA 结合的手指静脉识别方法[J]. 计算机辅助设计与图形学学报，2018，30（2）：254-261.

[2] 李新春，曹志强，林森. 基于 Gabor 和 Curvelet 的近邻二值模式手指静脉识别方法[J]. 电子测量与仪器学报，2018，32（8）：76-82.

[3] 王科俊，袁智. 基于小波矩融合 PCA 变换的手指静脉识别[J]. 模式识别与人工智能，2007，20（5）：692-697.

[4] Shahin M K，Badawi A，Kamel M. Biometric authentication using fast correlation of near infrared hand vein patterns[J]. International Journal of Biomedical Sciences，2007，2（3）：141-148.

[5] Li X，Liu X B，Liu Z C. A dorsal hand vein pattern recognition algorithm[C]//Proceedings of 3rd International Congress on Image and Signal Processing，Yantai，2010：1723-1726.

[6] Gupta P，Gupta P. A vein biometric based authentication system[C]//Prakash A，Shyamasundar R. International Conference on Information Systems Security. Cham：Springer，2014：425-436.

[7] Wang L，Leedham G，Cho S Y. Infrared imaging of hand vein patterns for biometric purposes[J]. IET Computer Vision，2007，1（314）：113-122.

[8] Badawi A M. Hand vein biometric verification prototype：A testing performance and patterns similarity[C]//Proceedings of the 2006 International Conference on Image Processing，Computer Vision，& Pattern Recognition，Las Vegas，2006.

[9] Wang Z L，Zhang B C，Chen W P，et al. A performance evaluation of shape and texture based methods for vein recognition[C]//Proceedings of Congress on Image and Signal Processing，Sanya，2008：659-661.

[10] Joardar S，Chatterjee A，Rakshit A. A real-time palm dorsa subcutaneous vein pattern recognition system using collaborative representation-based classification[J]. IEEE Transactions on Instrumentation and Measurement，2015，64（4）：959-966.

[11] Joardar S，Chatterjee A，Rakshit A. Real-time NIR imaging of Palm Dorsa subcutaneous vein pattern based biometrics：An SRC based approach[J]. IEEE Instrumentation & Measurement Magazine，2016，19（2）：13-19.

[12] Yang L，Yang G P，Yin Y L，et al. Finger vein recognition with anatomy structure analysis[J]. IEEE Transactions on Circuits and Systems for Video Technology，2018，28（8）：1892-1905.

[13] Yang L，Yang G P，Xi X M，et al. Finger vein code：From indexing to matching[J]. IEEE Transactions on Information Forensics and Security，2019，14（5）：1210-1223.

[14] Wang K J，Zhang Y，Yuan Z，et al. Hand vein recognition based on multi supplemental features of multi-classifier fusion decision[C]//Proceedings of International Conference on Mechatronics and Automation，Luoyang，2006：1790-1795.

[15] Yang L，Yang G P，Xi X M，et al. Tri-branch vein structure assisted finger vein recognition[J]. IEEE Access，2017，5：21020-21028.

[16] Choi J H，Song W，Kim T，et al. Finger vein extraction using gradient normalization and principal curvature[C]//Image Proceeding：Machine Vision Applications Ⅱ. IS & T/SPJE Electronic Imaging，San Jose，2009.

[17] Ahmad Syarif M，Ong T S，A. Teoh A B J，et al. Enhanced maximum curvature descriptors for finger vein verification[J]. Multimedia Tools and Applications，2017，76（5）：6859-6887.

[18] Yang J F，Shi Y H，Jia G M. Finger-vein image matching based on adaptive curve transformation[J]. Pattern Recognition，2017，66：34-43.

[19] Zhang Y K，Li W J，Zhang L P，et al. Adaptive learning Gabor filter for finger-vein recognition[J]. IEEE Access，2019，7：159821-159830.

[20] Lee E C，Lee H C，Park K R，et al. Finger vein recognition using minutia-based alignment and local binary pattern-based feature extraction[J]. International Journal of Imaging Systems and Technology，2009，19（3）：179-186.

[21] Kang B J，Park K R，Yoo J H，et al. Multimodal biometric method that combines veins，prints，and shape of a finger[J]. Optical Engineering，2011，50（2）：029801.

[22] Tan X Y，Triggs B. Enhanced local texture feature sets for face recognition under difficult lighting conditions[J]. IEEE Transactions on Image Processing，2010，19（6）：1635-1650.

[23] Rosdi B A，Shing C W，Suandi S A. Finger vein recognition using local line binary pattern[J]. Sensors，2011，11（12）：11357-11371.

[24] Lowe D G. Distinctive image features from scale-invariant keypoints[J]. International Journal of Computer Vision，2004，60（2）：91-110.

[25] Bay H，Ess A，Tuytelaars T，et al. Speeded-up robust features（SURF）[J]. Computer Vision and Image Understanding，2008，110（3）：346-359.

[26] Arandjelović R，Zisserman A. Three things everyone should know to improve object retrieval[C]//Proceedings of IEEE Conference on Computer Vision and Pattern Recognition，Providence，RI，2012：2911-2918.

[27] Morel J M，Yu G S. ASIFT：A new framework for fully affine invariant image comparison[J]. SIAM Journal on Imaging Sciences，2009，2（2）：438-469.

[28] Xi X M，Yang L，Yin Y L. Learning discriminative binary codes for finger vein recognition[J]. Pattern Recognition，2017，66：26-33.

[29] Kang W X，Wu Q X. Contactless palm vein recognition using a mutual foreground-based local binary pattern[J]. IEEE Transactions on Information Forensics and Security，2014，9（11）：1974-1985.

[30] Wang J，Wang G Q. Quality-specific hand vein recognition system[J]. IEEE Transactions on Information Forensics and Security，2017，12（11）：2599-2610.

[31] Aberni Y，Boubchir L，Daachi B. Palm vein recognition based on competitive coding scheme using multi-scale local binary pattern with ant colony optimization[J]. Pattern Recognition Letters，2020，136：101-110.

[32] Wang H B，Tao L，Hu X Y. Novel algorithm for hand vein recognition based on Retinex method

and SIFT feature analysis[C]//Wan X. Electrical Power Systems and Computers. Berlin：Springer，2011：559-566.

[33] Kim H G，Lee E J，Yoon G J，et al. Illumination normalization for SIFT based finger vein authentication[C]//International Symposium on Visual Computing. Berlin: Springer，2012: 21-30.

[34] 李秀艳，刘铁根，邓仕超，等. 基于 SURF 算子的快速手背静脉识别[J]. 仪器仪表学报，2011，32（4）：831-836.

[35] Huang D，Zhang R K，Yin Y，et al. Local feature approach to dorsal hand vein recognition by Centroid-based Circular Key-point Grid and fine-grained matching[J]. Image and Vision Computing，2017，58：266-277.

[36] Wang J，Wang G Q，Zhou M. Bimodal vein data mining via cross-selected-domain knowledge transfer[J]. IEEE Transactions on Information Forensics and Security，2018，13（3）：733-744.

[37] Noh K J，Choi J，Hong J S，et al. Finger-vein recognition based on densely connected convolutional network using score-level fusion with shape and texture images[J]. IEEE Access，2020，8：96748-96766.

[38] 李冉，苏志刚，张海刚，等. 改进 GCNs 在指静脉特征表达中的应用[J]. 信号处理，2020，36（4）：550-561.

[39] 汪凯旋，陈光化，褚洪佳. 基于改进的 ResNet 手指静脉识别[J]. 激光与光电子学进展，2021，58（20）：2010002.

[40] Wang G Q，Sun C M，Sowmya A. Learning a compact vein discrimination model with GANerated samples[J]. IEEE Transactions on Information Forensics and Security，2019，15：635-650.

[41] Qin H F，El-Yacoubi M A，Li Y T，et al. Multi-scale and multi-direction GAN for CNN-based single palm-vein identification[J]. IEEE Transactions on Information Forensics and Security，2021，16：2652-2666.

[42] Wang J，Wang G Q. Hand-dorsa vein recognition with structure growing guided CNN[J]. Optik，2017，149：469-477.

[43] Fang Y X，Wu Q X，Kang W X. A novel finger vein verification system based on two-stream convolutional network learning[J]. Neurocomputing，2018，290：100-107.

[44] Qin H F，El Yacoubi M A，Lin J H，et al. An iterative deep neural network for hand-vein verification[J]. IEEE Access，2019，7：34823-34837.

[45] Wu W，Wang Q，Yu S Q，et al. Outside box and contactless palm vein recognition based on a wavelet denoising ResNet[J]. IEEE Access，2021，9：82471-82484.

[46] Huang J D，Tu M，Yang W L，et al. Joint attention network for finger vein authentication[J]. IEEE Transactions on Instrumentation and Measurement，2021，70：2513911.

[47] Wang J，Pan Z Y，Wang G Q，et al. Spatial pyramid pooling of selective convolutional features for vein recognition[J]. IEEE Access，2018，6：28563-28572.

[48] Pan Z Y，Wang J，Shen Z W，et al. Multi-layer convolutional features concatenation with semantic feature selector for vein recognition[J]. IEEE Access，2019，7：90608-90619.

[49] Pan Z Y，Wang J，Wang G Q，et al. Multi-scale deep representation aggregation for vein recognition[J]. IEEE Transactions on Information Forensics and Security，2020，16：1-15.

[50] Brunelli R，Falavigna D. Person identification using multiple cues[J]. IEEE Transactions on

Pattern Analysis and Machine Intelligence，1995，17（10）：955-966.

[51] Zhang X M，Cheng D X，Dai Y X，et al. Multimodal biometric authentication system for smartphone based on face and voice using matching level fusion[C]//2018 IEEE 4th International Conference on Computer and Communications，Chengdu，2018：1468-1472.

[52] Xu J W，Leng L，Kim B G. Gesture recognition and hand tracking for anti-counterfeit palmvein recognition[J]. Applied Sciences，2023，13（21）：11795.

[53] Mulyanto，Firmanto B，Gaffar A F O，et al. Multimodal biometric system based on feature source compaction and the proposed VCG（Virtual Center of Gravity）feature[C]//2021 International Seminar on Intelligent Technology and Its Applications，Surabaya，2021：95-100.

[54] Yashavanth T R，Suresh M. Performance analysis of multimodal biometric system using LBP and PCA[C]//2023 International Conference on Recent Trends in Electronics and Communication，Mysore，2023：1-5.

[55] Abbes A，Trabelsi R B，Ben Ayed Y. Bimodal person recognition using dorsal-vein and finger-vein images[J]. Procedia Computer Science，2020，176：1121-1130.

[56] Zhang D，Guo Z H，Lu G W，et al. Online joint palmprint and palmvein verification[J]. Expert Systems with Applications，2011，38（3）：2621-2631.

[57] Luo N，Guo Z H，Wu G，et al. Joint palmprint and palmvein verification by Dual Competitive Coding[C]//2011 3rd International Conference on Advanced Computer Control，Harbin，2011：538-542.

[58] Trabelsi R B，Damak Masmoudi A，Masmoudi D S. A bi-modal palmvein palmprint biometric human identification based on fusing new CDSDP features[C]//2015 International Conference on Advances in Biomedical Engineering，Beirut，2015：1-4.

[59] 李俊林，王华彬，陶亮. 单幅近红外手掌图像掌静脉和掌纹多特征识别[J]. 计算机工程与应用，2018，54（9）：156-164.

[60] Wu T F，Leng L，Khan M K，et al. Palmprint-palmvein fusion recognition based on deep hashing network[J]. IEEE Access，2021，9：135816-135827.

[61] Li Q，Li X，Guo Z H，et al. Online personal verification by palmvein image through palmprint-like and palmvein information[J]. Neurocomputing，2015，147：364-371.

[62] 刘雪微，王磊，章强，等. 基于卷积神经网络的多光谱掌纹识别技术[J]. 郑州大学学报（理学版），2021，53（3）：50-55.

[63] Zhao S P，Nie W，Zhang B. Multi-feature fusion using collaborative residual for hyperspectral palmprint recognition[C]//2018 IEEE 4th International Conference on Computer and Communications，Chengdu，2018：1402-1406.

[64] 孙哲南，赫然，王亮，等. 生物特征识别学科发展报告[J]. 中国图象图形学报，2021，26（6）：1254-1329.

[65] Kalantidis Y，Mellina C，Osindero S. Cross-dimensional weighting for aggregated deep convolutional features[C]//European Conference on Computer Vision. Cham：Springer，2016：685-701.

[66] Xu J，Wang C H，Qi C Z，et al. Unsupervised semantic-based aggregation of deep convolutional features[J]. IEEE Transactions on Image Processing，2019，28（2）：601-611.

[67] Liu L Q，Shen C H，Hengel A V D. Cross-convolutional-layer pooling for image recognition[J].

IEEE Transactions on Pattern Analysis and Machine Intelligence，2017，39（11）：2305-2313.

[68] Wei X S，Luo J H，Wu J X，et al. Selective convolutional descriptor aggregation for fine-grained image retrieval[J]. IEEE Transactions on Image Processing，2017，26（6）：2868-2881.

[69] Simonyan K，Zisserman A. Very deep convolutional networks for large-scale image recognition [EB/OL]. [2024-11-01]. https://doi.org/10.48550/arxiv.1409.1556.

[70] Zeiler M D，Fergus R. Visualizing and understanding convolutional networks[M]//Lecture Notes in Computer Science. Cham：Springer International Publishing，2014：818-833.

[71] Du C，Wang C H，Shi C Z，et al. Selective feature connection mechanism：Concatenating multi-layer CNN features with a feature selector[EB/OL]. [2018-11-15]. https://doi.org/ 10.48550/arxiv.1811.06295.

[72] Sánchez J，Perronnin F，Mensink T，et al. Image classification with the Fisher vector：Theory and practice[J]. International Journal of Computer Vision，2013，105（3）：222-245.

[73] Jégou H，Douze M，Schmid C，et al. Aggregating local descriptors into a compact image representation[C]//Proceedings of IEEE Conference on Computer Vision and Pattern Recognition，San Francisco，CA，2010：3304-3311.

[74] Miura N，Nagasaka A，Miyatake T. Extraction of finger-vein patterns using maximum curvature points in image profiles[J]. IEICE-Transactions on Information and Systems，2007，E90-D（8）：1185-1194.

[75] Kumar A，Prathyusha K V. Personal authentication using hand vein triangulation and knuckle shape[J]. IEEE Transactions on Image Processing，2009，18（9）：2127-2136.

[76] Ahmad Radzi S，Khalil-Hani M，Bakhteri R. Finger-vein biometric identification using convolutional neural network[J]. Turkish Journal of Electrical Engineering and Computer Sciences，2016，24（3）：1863-1878.

[77] Zhou B L，Khosla A，Lapedriza A，et al. Learning deep features for discriminative localization[C]//Proceeding of IEEE Conference on Computer Vision and Pattern Recognition，Las Vegas，NV，2016：2921-2929.

[78] Kang W X，Lu Y T，Li D J，et al. From noise to feature：Exploiting intensity distribution as a novel soft biometric trait for finger vein recognition[J]. IEEE Transactions on Information Forensics and Security，2019，14（4）：858-869.

[79] Yang L L，Yao A. Disentangling latent hands for image synthesis and pose estimation[C]//Proceedings of the IEEE Conference on Computer Vision and Pattern Recognition，Long Beach，CA，2019：9869-9878.

[80] Lu B Y，Chen J C，Chellappa R. Unsupervised domain-specific deblurring via disentangled representations[C]//Proceedings of the IEEE Conference on Computer Vision and Pattern Recognition，Long Beach，CA，2019：10217-10226.

[81] Hadad N，Wolf L，Shahar M. A two-step disentanglement method[C]//Proceedings of the IEEE Conference on Computer Vision and Pattern Recognition，Salt Lake City，UT，2018：772-780.

[82] Yin X，Tai Y，Huang Y G，et al. FAN：Feature adaptation network for surveillance face recognition and normalization[M]//Lecture Notes in Computer Science. Cham：Springer International Publishing，2021：301-319.

[83] Zhao S，Wang Y D，Wang Y H. Extracting hand vein patterns from low-quality images：A new biometric technique using low-cost devices[C]//Fourth International Conference on Image and Graphics，Chengdu，2007：667-671.

[84] Wang Y D，Zhang K，Shark L K. Personal identification based on multiple keypoint sets of dorsal hand vein images[J]. IET Biometrics，2014，3（4）：234-245.

[85] Kuzu R S，Piciucco E，Maiorana E，et al. On-the-fly finger-vein-based biometric recognition using deep neural networks[J]. IEEE Transactions on Information Forensics and Security，2020，15：2641-2654.

[86] Das R，Piciucco E，Maiorana E，et al. Convolutional neural network for finger-vein-based biometric identification[J]. IEEE Transactions on Information Forensics and Security，2019，14（2）：360-373.

[87] Gao S H，Cheng M M，Zhao K，et al. Res2Net：A new multi-scale backbone architecture[J]. IEEE Transactions on Pattern Analysis and Machine Intelligence，2021，43（2）：652-662.

[88] Hu J，Shen L，Albanie S，et al. Squeeze-and-excitation networks[J]. IEEE Transactions on Pattern Analysis and Machine Intelligence，2020，42（8）：2011-2023.

[89] Kingma D P，Ba J L. Adam：A method for stochastic optimization[EB/OL]. [2024-11-01]. https://doi.org/10.48550/arxiv.1412.6980.

[90] Huang D，Zhu X R，Wang Y H，et al. Dorsal hand vein recognition via hierarchical combination of texture and shape clues[J]. Neurocomputing，2016，214：815-828.

[91] Huang B N，Dai Y G，Li R F，et al. Finger-vein authentication based on wide line detector and pattern normalization[C]//Proceeding of International Conference on Pattern Recognition，Istanbul，2010：1269-1272.

[92] He K M，Zhang X Y，Ren S Q，et al. Deep residual learning for image recognition[C]//Proceeding of IEEE Conference on Computer Vision and Pattern Recognition，Las Vegas，2016：770-778.

[93] Liu H Y，Yang G P，Yang L，et al. Anchor-based manifold binary pattern for finger vein recognition[J]. Science China Information Sciences，2019，62（5）：052104.

[94] Hu N，Ma H，Zhan T. Finger vein biometric verification using block multi-scale uniform local binary pattern features and block two-directional two-dimension principal component analysis[J]. Optik，2020，208：163664.

[95] Wang K X，Chen G H，Chu H J. Finger vein recognition based on multi-receptive field bilinear convolutional neural network[J]. IEEE Signal Processing Letters，2021，28：1590-1594.

[96] Yang W L，Luo W，Kang W X，et al. FVRAS-Net：An embedded finger-vein recognition and AntiSpoofing system using a unified CNN[J]. IEEE Transactions on Instrumentation and Measurement，2020，69（11）：8690-8701.

[97] Tang Z，Naphade M，Birchfield S，et al. PAMTRI：Pose-aware multi-task learning for vehicle re-identification using highly randomized synthetic data[C]//Proceeding of IEEE International Conference on Computer Vision，Seoul，2019：211-220.

[98] Isola P，Zhu J Y，Zhou T H，et al. Image-to-image translation with conditional adversarial networks[C]//Proceeding of IEEE Conference on Computer Vision and Pattern Recognition，

Honolulu，HI，2017：5967-5976.

[99] Sáez Trigueros D，Meng L，Hartnett M. Generating photo-realistic training data to improve face recognition accuracy[J]. Neural Networks，2021，134：86-94.

[100] Zhang H Y，Cisse M，Dauphin Y N，et al. Mixup：Beyond empirical risk minimization[EB/OL]. [2024-10-25]. https://doi.org/10.48550/arxiv.1710.09412.

[101] Chen Z T，Fu Y W，Chen K Y，et al. Image block augmentation for one-shot learning[J]. Proceedings of the AAAI Conference on Artificial Intelligence，2019，33（1）：3379-3386.

[102] Jain A，Nandakumar K，Ross A. Score normalization in multimodal biometric systems[J]. Pattern Recognition，2005，38（12）：2270-2285.

[103] 何俊，张彩庆，李小珍，等. 面向深度学习的多模态融合技术研究综述[J]. 计算机工程，2020，46（5）：1-11.

[104] 任泽裕，王振超，柯尊旺，等. 多模态数据融合综述[J]. 计算机工程与应用，2021，57（18）：49-64.

[105] He S M，Yang H Q，Zhang X Y，et al. MFTransNet：A multi-modal fusion with CNN-transformer network for semantic segmentation of HSR remote sensing images[J]. Mathematics，2023，11（3）：722.

[106] Li X，Zhang G，Cui H，et al. Progressive fusion learning：A multimodal joint segmentation framework for building extraction from optical and SAR images[J]. ISPRS Journal of Photogrammetry and Remote Sensing，2023，195：178-191.

[107] Guo J，Tu J X，Ren H Y，et al. Finger multimodal feature fusion and recognition based on channel spatial attention[EB/OL]. [2024-09-06]. https://arxiv.org/abs/2209.02368.

[108] Ren H Y，Sun L J，Guo J，et al. A dataset and benchmark for multimodal biometric recognition based on fingerprint and finger vein[J]. IEEE Transactions on Information Forensics and Security，2022，17：2030-2043.

[109] 李小敏，陈英. 基于分数层融合的多生物特征融合识别[J]. 长江信息通信，2021，34（10）：7-11.

[110] 周卫斌，王阳，吉书林. 基于特征融合的双模态生物识别方法[J]. 天津科技大学学报，2022，37（4）：44-48.

[111] Zhou Q，Jia W，Yu Y. Multi-stream convolutional neural networks fusion for palmprint recognition[C]//Chinese Conference on Biometric Recognition. Cham：Springer，2022：72-81.

[112] Yang W L，Huang J D，Chen Z M，et al. Multi-view finger vein recognition using attention-based MVCNN[C]//Chinese Conference on Biometric Recognition. Cham：Springer，2022：82-91.

[113] Woo S，Park J，Lee J Y，et al. CBAM：Convolutional block attention module[C]//European Conference on Computer Vision. Cham：Springer，2018：3-19.

[114] Khalid F，Goya-Outi J，Escobar T，et al. Multimodal MRI radiomic models to predict genomic mutations in diffuse intrinsic pontine glioma with missing imaging modalities[J]. Frontiers in Medicine，2023，10：1071447.

[115] Lee E W，Wallace B C，Galaviz K I，et al. MMiDaS-AE：Multi-modal missing data aware stacked autoencoder for biomedical abstract screening[C]//Proceedings of the ACM Conference

on Health，Inference，and Learning，Toronto，2020：139-150.

[116] 徐盼盼，张东，袁达龙. 基于生成对抗网络的多模态 MR 图像缺失模态合成[J]. 中国医学物理学杂志，2023，40（7）：827-832.

[117] Yang H R，Sun J，Xu Z B. Learning unified hyper-network for multi-modal MR image synthesis and tumor segmentation with missing modalities[J]. IEEE Transactions on Medical Imaging，2023，42（12）：3678-3689.

[118] Lin Y J，Gou Y B，Liu Z T，et al. COMPLETER：Incomplete multi-view clustering via contrastive prediction[C]//Proceedings of the IEEE/CVF Conference on Computer Vision and Pattern Recognition，Nashville，TN，2021：11169-11178.

[119] Sun W B，Ma F，Li Y，et al. Semi-supervised multimodal image translation for missing modality imputation[C]//2021 IEEE International Conference on Acoustics，Speech and Signal Processing，Toronto，2021：4320-4324.

[120] Akbar M U，Murino V，Sona D. Multimodal segmentation of medical images with heavily missing data[C]//2021 IEEE EMBS International Conference on Biomedical and Health Informatics，Athens，2021：1-4.

[121] Lee Y L，Tsai Y H，Chiu W C，et al. Multimodal prompting with missing modalities for visual recognition[C]//IEEE/CVF Conference on Computer Vision and Pattern Recognition，Vancouver，2023：14943-14952.

[122] Xie M Y，Han Z B，Zhang C Q，et al. Exploring and exploiting uncertainty for incomplete multi-view classification[C]//Proceedings of the IEEE/CVF Conference on Computer Vision and Pattern Recognition，Vancouver，2023：19873-19882.

[123] Zhang K W，Song J M，Yu Y，et al. Incomplete multi-view clustering based on weighted adaptive graph learning[C]//7th International Conference on Intelligent Computing and Signal Processing，Xi'an，2022：1175-1179.

[124] Liu C L，Wu Z H，Wen J，et al. Localized sparse incomplete multi-view clustering[J]. IEEE Transactions on Multimedia，2022，25：5539-5551.

[125] Arya N，Saha S. Generative incomplete multi-view prognosis predictor for breast cancer：GIMPP[J]. IEEE/ACM Transactions on Computational Biology and Bioinformatics，2022，19（4）：2252-2263.

[126] Yin J，Sun S L. Incomplete multi-view clustering with reconstructed views[J]. IEEE Transactions on Knowledge and Data Engineering，2023，35（3）：2671-2682.

[127] 李顺勇，李师毅，胥瑞，等. 基于自注意力融合的不完整多视图聚类算法[J]. 计算机应用，2024，44（9）：2696-2703.

[128] Wang H，Chen Y H，Ma C B，et al. Multi-modal learning with missing modality via shared-specific feature modelling[C]//Proceedings of the IEEE/CVF Conference on Computer Vision and Pattern Recognition，Vancouver，2023：15878-15887.

[129] 周旭，钱胜胜，李章明，等. 基于对偶变分多模态注意力网络的不完备社会事件分类方法[J]. 计算机科学，2022，49（9）：132-138.

[130] Zheng A，He Z，Wang Z，et al. Dynamic Enhancement Network for Partial Multi-modality Person Re-identification[EB/QL]. [2024-11-01]. https://arxiv.org/abs/2305.15762.

后 记

随着信息安全需求的急剧攀升，生物特征识别技术也在不断发展。从传统的单模态形式逐渐演变为更为复杂的多模态生物特征识别系统。虽然许多基于深度学习理论的多模态生物特征识别模型相继提出，并且也取得了较好的识别结果，但是基于多模态生物特征构建身份识别应用系统与产品时，仍面临以下问题：①身份识别速度；②模态缺失问题；③多模态数据规模；④开放环境的生物特征识别。针对上述问题，未来将从以下几个方向继续深入开展生物特征识别技术研究。

（1）身份识别速度：多模态系统相较于单模态系统具有更高的计算复杂度，因此提升识别速度仍有潜力。未来的工作可以考虑使用权值量化、模型剪枝等策略改进特征融合方法，以实现模型的精简和识别速度的提升。

（2）模态缺失问题：模态缺失对多模态生物特征识别的影响以及传统方法在此领域的局限性是当前研究亟须深入探讨的问题。在实际场景中，模态缺失是随机的，因此需要设计能在模态缺失的情况下进行测试和训练的模型。

（3）多模态数据规模的挑战：当前一个挑战是缺乏大规模的多模态生物特征数据库。未来的研究可以考虑采集更多模态和更大数量的数据库，以便更深入地研究多模态生物特征识别系统。

（4）开放环境的生物特征识别准确度：目前算法研究基本集中于闭集的生物特征数据库，而在实际应用场景中，识别系统通常需要处理不断变化的用户群体，包括新用户的注册信息和已注册用户的更新信息。因此，针对开集问题的研究显得尤为重要，它能够使识别系统更好地适应实际系统需求，提升在开放环境下的识别准确度和稳定性。